金　明哲 著

テキスト
アナリティクス

統計学 One Point 10

共立出版

「統計学 One Point」編集委員会

「統計学 One Point」刊行にあたって

まず述べねばならないのは，著名な先人たちが編纂された共立出版の『数学ワンポイント双書』が本シリーズのベースにあり，編集委員の多くがこの書物のお世話になった世代ということである．この『数学ワンポイント双書』は数学を理解する上で，学生が理解困難と思われる急所を理解するために編纂された秀作本である．

現在，統計学は，経済学，数学，工学，医学，薬学，生物学，心理学，商学など，幅広い分野で活用されており，その基本となる考え方・方法論が様々な分野に散逸する結果となっている．統計学は，それぞれの分野で必要に応じて発展すればよいという考え方もある．しかしながら統計を専門とする学科が分散している状況の我が国においては，統計学の個々の要素を構成する考え方や手法を，網羅的に取り上げる本シリーズは，統計学の発展に大きく寄与できると確信するものである．さらに今日，ビッグデータや生産の効率化，人工知能，IoT など，統計学をそれらの分析ツールとして活用すべしという要求が高まっており，時代の要請も機が熟したと考えられる．

本シリーズでは，難解な部分を解説することも考えているが，主として個々の手法を紹介し，大学で統計学を履修している学生の副読本，あるいは大学院生の専門家への橋渡し，また統計学に興味を持っている研究者・技術者の統計的手法の習得を目標として，様々な用途に活用していただくことを期待している．

本シリーズを進めるにあたり，それぞれの分野において第一線で研究されている経験豊かな先生方に執筆をお願いした．素晴らしい原稿を執筆していただいた著者に感謝申し上げたい．また各巻のテーマの検討，著者への執筆依頼，原稿の閲読を担っていただいた編集委員の方々のご努力に感謝の意を表するものである．

編集委員会を代表して　鎌倉稔成

まえがき

統計的データ処理を行う環境が急速に変化している．従来は，実験・観測・調査で得られたデータを手作業で表型に整理し統計的に分析を行うのがほとんどであった．

昨今，情報機器やインターネットの普及に伴いデータの収集方法が大きく変化した．インターネット上には大量のデータが蓄積されている．その多くはテキスト型データである．たとえば，電子新聞，ブログ，Twitter，メール，電子掲示板の情報，ネット小説，文学作品，コーパス等枚挙に暇がない．このような電子化されたテキスト型データの分析は歴史が浅い．

90年代から，データマイニングのブームに乗りテキストマイニングという研究応用分野が形成され始め，大きな進展があった．この分野では，構造化されていないテキスト型データを自然言語処理の技術で構造化し，汎用的なデータ分析方法や機械学習方法を用いるのが一般的であったが，テキスト型データの分析を前提とした分析方法の開発も進んでいる．近年，「テキストマイニング」からより汎用的な用語「テキストアナリティクス」に移行する傾向がみられるようになった．本書では，計量的にテキストを分析する主な手法とその行為をテキストアナリティクスという書名でまとめた．

第1章ではテキストアナリティクスの基本的な考え方，第2章ではテキストの電子化などの前処理，第3章ではテキストデータの視覚化，第4章ではテキストにおける法則と指標，第5章ではテキストの特徴分析，第6章ではテキストのクラスター分析，第7章ではテキストの分類分析，第8章ではテキスト関連の予測や要因分析の主な方法について，例を用いて平易な説明に注意を払った．

テキストアナリティクスには，幅広い統計的データ処理や機械学習の方法が用いられている．そのすべてについて詳細に説明する紙面がないため，主な方法について説明を行った．深く理解するためには，関連の文献を参考にすることが必要である．本書の内容が日本語のテキストアナリティクスの発展の一助になれば幸いである．

本書の執筆の機会を与えていただいた本シリーズの鎌倉稔成編集長，宿久洋編集委員を含む編集委員の皆様，テキスト計量分析に導いていただいた恩師 現勉誠出版文化情報学研究所村上征勝所長に深く感謝の意を表する．またご丁寧に査読し，有益なコメントをいただいた先生方，本書の校正原稿について，有益なコメントをいただいた名古屋大学人文学研究科中村靖子教授，同志社大学文化情報学部孫昊助手に感謝する．なお，丁寧な編集をしてくださった共立出版編集部に感謝の意を表す．

2018 年夏吉日

金　明哲

目　次

第1章

テキストアナリティクス

本章では，テキストアナリティクスの基本概念とアプローチ，プロセスについて説明する．

1.1　テキストアナリティクスとは

本書では，文字・記号列の集合をテキストとよぶ．DNA の 2 本の鎖は 4 種類の塩基物質が連なった重合体で構成されており，A, G, C, T の 4 種類の文字列で記述することができる．よって DNA に保持する塩基配列を記述したもの，ネットのアクセスログ等もテキストである．我々の生活の中で最も頻繁に出会うテキストは文章である．文章とは，何らかの文字列が一定の文法規則に基づいている文の集合体を指す．日記，小説，新聞記事，メール，ブログ，Twitter 等は文章型テキストである．

テキストは，表型のデータと対比して非定型データ，あるいは非構造化データともよぶ．情報システムの普及とあいまって，テキストが急速に増えている．対象を絞っても，一つひとつに目を通して分析するのは時間と労力がかかり，効率的に活用することが困難である．また，人によって認識や解釈等が異なることもあり，テキストを計量的に分析することが求められている．

本書では文章型テキストを単語やフレーズ (phrase) 等の単位に分割し，それらの出現頻度や共起関係（同時出現）等を集計し，統計的データ分析手法や機械学習手法で分析する内容を扱う．

テキストを構成要素に分解し，その要素の計量的データを統計的および機械学習の手法で分析する分野はテキストマイニング (text mining)，またはテキストアナリティクス (text analytics) とよばれている．

1.2 テキストアナリティクスの諸相

1.2.1 テキストアナリティクスの由来

テキストを計量的に分析する分野として計量文体学がある．計量文体分析の分野では 100 年前から，文章を構成する要素の特徴を計量的に分析する方法により文章の執筆者の推定等について研究を進めてきた．

たとえば，米国オハイオ州立大学の地球物理学者 Mendenhall は，1887 年に，光学におけるスペクトル (spectrum) 分析方法を単語に適用し，単語のスペクトル（単語の長さの分布）分析による著者の識別に関する論文を *Science* 誌に発表した (Mendenhall, 1887)．

単語のスペクトルとは，テキストの中に使用された単語が何文字で構成されているかについて，それぞれ 1 文字の単語，2 文字の単語，3 文字の単語等がどれぐらいあるかを集計したデータのことである．

Mendenhall は，書き手によって好んで用いる単語の長さが異なることを実例で示した．また，Mendenhall は，ボストンの慈善家の資金援助を受け，シェイクスピア (William Shakespeare) 作の戯曲とベーコン (Francis Bacon) の作品についても分析を行った．

当然ながら，その当時は電子計算機がなかったため，集計する項目を目視で確認しながらカウントする原始的な手法による集計分析であった．今日のような膨大なデータを瞬時に処理することができなかったことは，容易に想像できるであろう．しかし，テキストから何らかの単位でテキストを構成する要素を定量化して分析するアイディアは今日のテキストアナリティクスと同じである．

コンピューターを借りたテキストの計量分析は，1970 年前後から計量文体分析 (statistical style analysis, stylometrics)，計量言語学 (quantitative linguistics) の各野で研究が行われた．1990 年前後になると日本では文献計量学という用語が用いられるようになり，情報処理やビジネスの分野では計算的テキスト分析 (computational text analysis)，ドキュメントマイニング (document mining) の用語が用いられるようになった．2000 年前後になると，テキストマイニング (text mining) という用語が多く用いられるようになった．今でも用語が確定されておらず，分野によってはコンピューターアシストテキスト分析 (computer assisted text analysis, computer assisted qualitative data analysis) とよばれている (Wiedemann, 2016)．Google トレンドで確認すると 2005 年前後からテキストアナリティクスという呼び方が右肩上がりで増加している．テキストアナリティクスに関する明確な定義はないがテキストマイニングを含む上位の概念である．

1.2.2　計量文体学

文学作品の文体研究では，文章を構成する要素（文字，単語，文節，語句，文，段落等）について統計的に集計分析を行い，文章のジャンルの特徴や個別作家の文体特徴等について研究が行われてきた．

比較的よく知られているのは，前項で触れたシェイクスピアおよびベーコンの作品の計量分析であろう．すでに紹介したように，Mendenhall は，1887 年に，単語の長さの分布による著者の識別に関する論文を発表し，1901 年には，シェイクスピア作の戯曲（40 万語）とベーコンの作品（20 万語）に用いられた単語の長さに関して調べ，シェイクスピア作の戯曲では 4 文字の単語が最も多く使用されているのに対し，ベーコンの作品では 3 文字の単語が最も多く使用されていることから，シェイクスピアという人物は歴史上存在せず，ベーコンが圧政抗議のため一連の風刺劇を書いたという，一部の人によって信じられていた説を否定する論文を月刊誌に発表した (Mendenhall, 1901)．

単語の長さの分布に安定した書き手の特徴が明確に現れるか否かは別問題とし，Mendenhall が計量的文体研究に与えた影響は非常に大きい．Mendenhall の計量的な研究から今日に至る一世紀の間に多くの研究が行われてきた．

単語の長さに続いて，文体の計量に用いられるようになったのは文の長さの分布に関する計量的研究である (Yule, 1938)．文の長さの分布とは，文が何文字（あるいは何単語）で構成されているかを集計したデータである．その後，文の長さに関するデータを用いた日本語に関する研究も少なくない．

1940年代後半になると，文章に用いられた単語や品詞等の情報に基づく文章の性格分析や書き手の同定に関する研究が行われた．日本では1950年代の後半から，安本美典が源氏物語の宇治十帖の著者について，文章における心理描写の数，文の長さ，品詞の数，文章の長さの度合（長編度），和歌，直喩，声喩，色彩語，名詞，用言，助詞，助動詞（12項目）のそれぞれの使用頻度を調べ，源氏物語の前44巻と後10巻（宇治十帖）について，心理文章学の視点で計量的に比較分析を行った（安本，1959, 1974）．

このような書き手の同定・推定に関する研究は，一般人が書いた短い文章についても進んでおり，日記のような短い文章でも高い確率で書き手が同定できることが報告されている（金，1997, 2014）．近年，このような計量文体分析の研究成果が，匿名の手紙や脅迫文の書き手の同定，スパムメールの識別，ブログの分類のような分野にも応用されている（金，2004ab; 財津・金，2015, 2017a–c, 2018; Tanaka and Jin, 2014; Zaitsu and Jin, 2016）．

計量文体分析に関して比較的に早期の参考書としては波多野 (1950)，安本 (1959)，樺島・寿岳 (1965) 等があり，文体・文献の計量に関しては，村上 (1994)，村上他 (2016) 等がある．

1.2.3 計量言語学とコーパス言語学

計量言語学は，言語現象を計量的に分析する分野である．日本では1957年に，計量的に言語を扱う計量国語学会が設立された．現在，日本計量国語学会は世界で最も古い計量言語関連の学会である．計量文体学，計量的コーパス言語学も計量言語学に属すると考えてよい．

コーパス (corpus) とは，言語の分析のために集めた資料のことである．コンピューターという道具が広く普及していない時代のコーパスは，言語学者が集めた印刷物や写し物だったが，現在では電子化されたテキストファイル，あるいはデータベースを指すのが一般的である．以下，電子コーパスを略してコーパスとよぶことにする．

コーパスには，書き言葉コーパス，話し言葉コーパス，学習者コーパス，多言語コーパス，ウェブコーパス，漢文コーパス，古典語コーパス等多様な内容・形態のものがある．国立国語研究所のホームページには「書き言葉均衡コーパス」，「話し言葉コーパス」，「歴史コーパス」，「近代語のコーパス」のプロジェクト別にコーパスの構築・公開を行っている．コーパスの構築と統計分析に関する入門書としては国立国語研究所 前川喜久雄氏の監修による「講座 日本語コーパス」（全 8 巻）や李他 (2012)，石川 (2012) 等がある．

自然言語処理の分野では，言語処理システムの開発のため，品詞情報，文節の係り受け情報を付け加えた京大コーパス，概念体系や構文木に関する情報を備えた EDR コーパス等が作成・公開されている．

日本における本格的な大規模コーパスは国立国語研究所が作成した「太陽コーパス」，および「現代日本語書き言葉均衡コーパス」（BCCWJ，以下均衡コーパスとよぶ）である．

「太陽コーパス」は，現代語の書き言葉が確立する 20 世紀初期に最もよく読まれた総合雑誌『太陽』（博文館，1895-1928）から 5 年分 (1895, 1901,1909,1917,1925) を対象として，1450 万字のテキストに言語研究に必要と思われる情報を付け加えたものである．太陽コーパスの詳細に関しては検索エンジンでキーワード「太陽コーパス」によって検索できる (http://pj.ninjal.ac.jp/corpus_center/cmj/taiyou/).

均衡コーパスは，国立国語研究所が現代日本語の書き言葉の全体像を把握するために構築したコーパスである．書籍全般，雑誌全般，新聞，白書，ブログ，ネット掲示板，教科書，法律等のジャンルについてバランスを考慮し，無作為にサンプリングした 1 億 430 万語のテキストである．

1.2.4 情報・社会科学

情報処理の分野においてテキストの計量的な分析は，テキストマイニングとよばれ，幅広い分野で応用されている．

企業では，サービスの一環としてコールセンターを設けて顧客への対応を行うと同時に，顧客の声を分析するため，それを記録として残す．また，インターネットの普及に伴い，インターネット上のウェブページや電子メール等を介し，電子化された顧客の意見の収集やアンケート調査も急速に増えている．このように記録したデータはテキストである．このような膨大なテキストデータから抽出した情報・知識をマーケティング戦略に生かして効果を得たという報告も少なくない（三室他, 2007）．

また，IT の普及のおかげで，企業内では営業日報，医療分野では医者・看護士・薬剤師の所見，知的所有権の分野では特許，メディア関係では新聞等のデータベース，一般社会ではインターネット上のウェブページ等電子化されたテキストが急速に増え続けている．これらの膨大なテキストを何らかの特徴や目的別に分類したり，内容や話題を抽出したりする計量的研究が急速に進んでいる．テキストマイニングに関しては，商業ソフトも開発・販売されている．その主な機能は単語のランキングによる話題分析やポジティブ，ネガティブの評価，キーワードの抽出，重要語およびそれらの同時出現率等による特徴分析である．

特許情報のテキストマイニングは，テキストマイニングの中では比較的早くから行われている．特許情報のテキストマイニングに関しては豊田・菰田 (2011) が詳しい．日本においては看護分野におけるテキストマイニングが比較的活発に行われてきた（藤井他, 2005；看護研究, 2013ab）．社会学においても早くからテキストマイニングの方法が用いられている．分析方法やツールを含めて系統的にまとめた参考文献としては樋口 (2014)，松村・三浦 (2014)，Wiedemann(2016) がある．

メディア分野では発行している新聞等を早くからデータベース化している．日本においては，そのテキストの計量分析に関する報告は比較的に少ない．韓国高麗大学の民族文化研究所では東亜日報，朝鮮日報，中央日報，ハンギョレ (The Hankyoreh) 新聞のデータベースを用いて 2008 年からさかのぼって10年間の語彙の変遷，社会のトレンドの変遷等について詳しく分析を行った．近年ソーシャルネットワークのテキストマイニングが盛んに行われている．

昨今，犯罪など刑事事件にもテキストが密接に関連する時代になっている．このような現状を踏まえて，基礎研究も進んでいる（財津・金, 2017 a–c, 2018; Zaitsu and Jin, 2016; Tanaka and Jin, 2014）．

コーパスとテキストマイニングに関しては，石田・金 (2012) に比較的多くの事例が紹介されている．

1.3　テキストアナリティクスの手順

本書で述べるテキストアナリティクスは，電子化されたテキストをコンピューターを用いてアルゴリズムや統計的分析方法により分析することを前提としている．テキストについて，どのような目的で，いかなるアプローチで分析するかは課題によって異なるが，電子化されたテキストを機械的に解析するためには，少なくとも図1.1に示すような過程が必要である．

テキストの電子化，クリーニング（前処理），形態素解析と構文解析，データの集計に関しては第2章で説明する．第3章から第8章までは分析の方法について説明する．

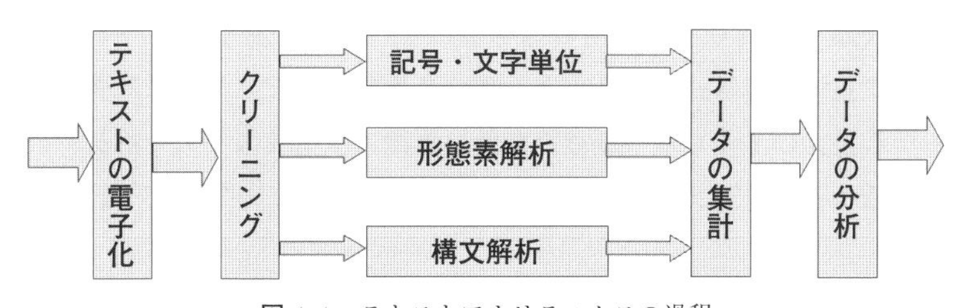

図 1.1　テキストアナリティクスの過程

き換える．近年スキャナーはかなり安価になり，数千円のものも珍しくない．多くのプリンター複合機にもスキャン機能がついている．文字認識ソフトは，フリーのものから数万円で販売されているものもある．

画像から文字に変換するときの認識率に関しては，理論的には98%以上に達している．文字の識別率は，紙の質や文字の種類等の様々な条件に依存する．また文字認識ソフトは，縦書きや横書き等にも得意不得意がある．

近年スマートフォンのアプリの開発と応用が急速に進んでおり，スマートフォン上のOCR（optical character recognition：光学的文字認識）ソフトと文字認識のアプリが流通されるようになった．非常に便利であり，その精度も比較的高い．図2.1にスマートフォンのOCRアプリによる電子化の過程の画面キャプチャを示す．OCRというアプリを起動し，撮影した画面を図2.1(a)に示す．図2.1(a)の右下の「写真を使用」を選択すると写真の文字列が認識され図2.1(b)のようなテキストに変換される．図2.1(b)の右下の「保存する」をタッチまたはクリックし，保存されたファイルをメールで送ることができる．メールで受け取ったファイルを異なる二つのテキストエディタで開いた画面コピーを図2.1(c),(d)に示す．図2.1(c)は「秀丸」で開いた画面であり，図2.1(d)は「メモ帳」で開いた画面である．図からわかるように改行が紙媒体と異なるが，文字・記号は高い精度で変換されている．

Twitterやネット上の情報は，FTPやAPI等を利用して自動的に収集することができる．統計解析ソフトウェアRからでもTwitter等のデータを自動的に収集することができる(Munzert et al., 2017).

ウェブページを自動的に取得する場合は，HTMLやXML等の書式でタグがつけられているので，何らかの前処理が必要である．

2.2 テキストのクリーニングと正規表現

テキストアナリシスのためには，前節で述べた方法で収集あるいは作成したテキストファイルを編集することが必要である．ここでの編集とは，

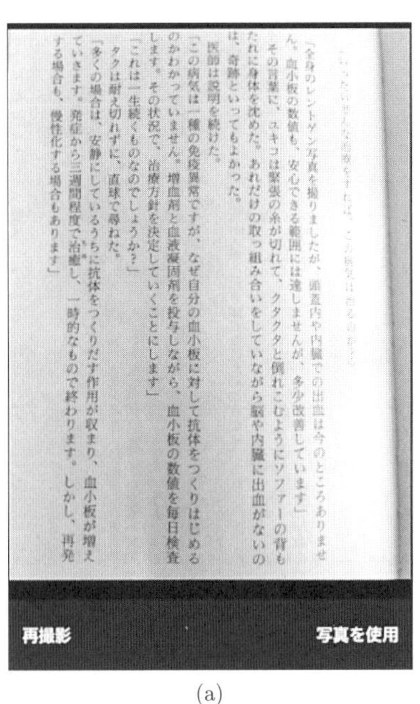
「いったいどんな治療をすれば、この病気は治るのか？」
「全身のレントゲン写真を撮りましたが、頭蓋内や内臓での出血は今のところありません。血小板の数値も、安心できる範囲には達しませんが、多少改善しています」
その言葉に、ユキコは緊張の糸が切れて、クタクタと倒れこむようにソファーの背もたれに身体を沈めた。あれだけの取っ組み合いをしていながら脳や内臓に出血がないのは、奇跡といってもよかった。
医師は説明を続けた。
「この病気は一種の免疫異常ですが、なぜ自分の血小板に対して抗体をつくりはじめるのかわかっていません。増血剤と血液凝固剤を投与しながら、血小板の数値を毎日検査します。その状況で、治療方針を決定していくことにします」
「これは一生続くものなのでしょうか？」
タクは耐え切れずに、直球で尋ねた。
「多くの場合は、安静にしているうちに抗体をつくりだす作用が収まり、血小板が増えていきます。発症から三週間程度で治癒し、一時的なもので終わります。しかし、再発する場合も、慢性化する場合もあります」

(a)

OCR
<いったいどんな治療をすれば、
「全身のレントゲン写真を撮りましたが、
その墓に、ユキコは緊張の糸が切れて、
この病気は治るのか?>
頭蓋内や内臓での出血は今のところありませ
ん。血小板の数値も、
安心できる範囲には達しませんが、
多少改善しています」
クタクタと倒れこむようにソファーの背も
たれに身体を沈めた。あれだけの取っ組み合いをしていながら脳や内臓に
出血がないの
は、
こナ
奇跡といってもよかった。
医師は説明を続けた。
「この病気は一種の免疫異常ですが、
なぜ自分の血小板に対して抗体をつくりはじめる
血小板の数値を毎日検査
のかわかっていません。増血剤と血液凝固剤を投与しながら、
しほす。その状況で、治療方針を決定していくことにします」
「これは一生続くものなのでしょうか?」
タクは耐え切れずに、直球で尋ねた。
保存する

(b)

(無題)(更新) - 秀丸
ファイル(F)　編集(E)　表示(V)　検索(S)　ウィンドウ(W)　マクロ(M)　その他(O)　1: 1
1 <いったいどんな治療をすれば、↓
2 この病気は治るのか?>↓
3 「全身のレントゲン写真を撮りましたが、↓
4 頭蓋内や内臓での出血は今のところありませ↓
5 ん。↓
6 血小板の数値も、↓
7 安心できる範囲には達しませんが、↓
8 多少改善しています」↓
9 その言葉に、ユキコは緊張の糸が切れて、クタクタと倒れこむよ
10 たれに身体を沈めた。あれだけの取っ組み合いをしていながら脳
11 奇跡といってもよかった。↓
12 医師は説明を続けた。↓
13 この病気は一種の免疫異常ですが，↓
14 は、↓
15 なぜ自分の血小板に対して抗体をつくりはじめる↓
16 のかわかっていません。曽血剤と血液凝固剤を投与しながら、血
日本語(Shift-JIS)　挿入モード

(c)

test2 - メモ帳
ファイル(F)　編集(E)　書式(O)　表示(V)　ヘルプ(H)
<いったいどんな治療をすれば、この病気は治るのか?>「全身のレントゲン写真を撮りましたが、頭蓋内や内臓での出血は今のところありません。血小板の数値も、安心できる範囲には達しませんが、多少改善しています」その言葉に、ユキコは緊張の糸が切れて、クタクタと倒れこむようにソファーの背もたれに身体を沈めた。あれだけの取っ組み合いをしていながら脳や内臓に出血がないの奇跡といってもよかった。医師は説明を続けた。この病気は一種の免疫異常ですが，は、なぜ自分の血小板に対して抗体をつくりはじめるのかわかっていません。曽血剤と血液凝固剤を投与しながら、血小板の数値を毎日検査します。その状況で、治療方針を決定していくことにします」と「これは一生続くものなのでしょうか?」章第45タクは耐え切れずに、直球で尋ねた。「多くの場合は、安静にしているうちに抗体をつくりだす作用が収まり、血小板が増えていきます。発症から三週間程度で治癒し、一時的なもので終わりはす。しかし、再発する場合も、ちゅ慢性化する場合もあります」

(d)

図 2.1　スマートフォンによる文字変換の画面キャプチャ

分析に必要ではないものを削除したり，誤りを訂正したり，異なる表記を統一したりする作業である．この作業をテキストのクリーニングとよぶ．テキストのクリーニングは，テキストアナリシスの結果に直接影響を与えるため，非常に重要な作業であり，地味で手間がかかる作業である．ほとんどが手作業で行うものであるが，規則性があるものに関しては，テキス

トエディタ上の正規表現を用いた編集やプログラミング言語により行うことで，労力を軽減することができる．

2.2.1 テキストエディタ

テキストエディタとは，テキストを編集するためのソフトである．基本ソフト (OS) によって流通されているソフトが異なる．Mac OS の場合は “Text Edit” が，Windows の場合は「メモ帳」が標準搭載されている．これは一種のテキストエディタである．しかし，その機能は限定的であるため，テキストデータのクリーニング作業の効率がよくない．日本語のテキストのクリーニングに広く用いられているのは「秀丸」(`https://hide.maruo.co.jp/software/hidemaru.html`) である．

ここでは，パブリックドメイン（公共財産）となった作品をネット上で公開している「青空文庫」(`http://www.aozora.gr.jp/`) からテキストファイルをダウンロードして用いるケースを例とする．

まず，青空文庫から芥川龍之介の「杜子春」の圧縮ファイルをダウンロード・解凍し，保存する．解凍したファイルは拡張子が “*.txt” になっており，テキストファイルとよばれる．これをテキストエディタ「秀丸」で開いた画面コピーを図 2.2 に示す．

本文の上の破線（`---`）で囲まれた部分は，テキストの本文ではなく，本文を電子化する際に付け加えたルビや記号に関する説明文である．本文を計量分析するときは，本文以外の説明，ルビ等を削除するのが一般的である．ルビの削除は単純であるが，外字（文字コードにない文字）をどう処理するかは難しい問題である．

テキストの中のルビの削除をマウスやキーボードの操作で一つひとつ行うと労力がかかる．比較的に効率良く作業を行う方法は，テキストエディタにおける正規表現を用いることである．正規表現については次項で説明する．正規表現機能をもっているテキストエディタとして「秀丸」がある．

テキスト編集に関して，文字コードは重要である．文字コードとは，マシン（コンピューター，携帯電話等）上の文字の背番号システムである．

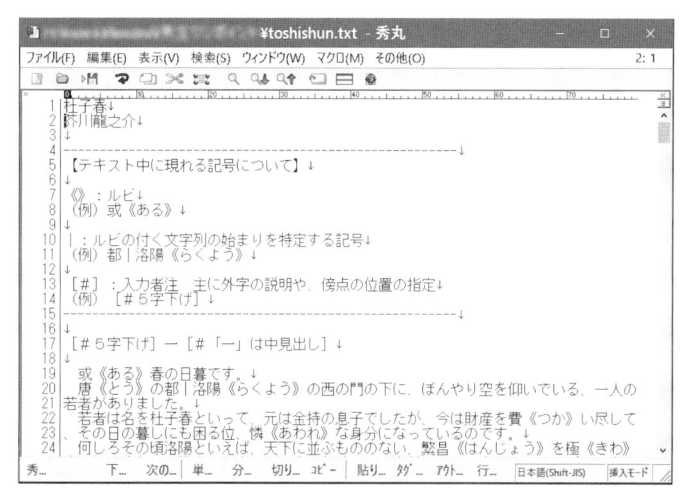

図 2.2 「杜子春」のテキスト画面コピー

マシン上で一つの文字は一つの背番号をもっているが，システムによってその背番号が異なる．日本語文字コードは Shift-JIS，EUC，UTF-8，UTF-16 コードが多く用いられている．作成したファイルの文字コードと使用しているソフトの文字コードが一致していないと文字が正確に表示されない．多くの Windows 系統のパソコンには Shift-JIS コードが標準設定されている．

近年，多言語の対応を前提として UTF(Unicode Transformation Format) コードを用いる傾向が強くなっている．UTF-8 は 4 バイトコードであるが，日本語 1 文字は 3 バイトで表現するシステムである．UTF-16 は特例を除いて日本語の 1 文字を 2 バイトで表現するシステムであり，UTF-32 はすべての文字を 4 バイトで表現する．

文字コードの変換は「秀丸」を用いて行うことが可能である．「秀丸」でテキストを開くと図 2.2 の右下のように「日本語 (Shift-JIS)」と表示される．開いたテキストを保存するとき，文字コードを変更して保存すると文字コードが変換される．

表 2.1 主なメタキャラクタとエスケープシーケンス

<table>
<tr><th></th><th>名称</th><th>機能</th></tr>
<tr><td>.</td><td>ピリオド</td><td>任意の1文字</td></tr>
<tr><td>*</td><td>アスタリスク</td><td>0個以上の繰り返し</td></tr>
<tr><td>+</td><td>プラス</td><td>1個以上の繰り返し</td></tr>
<tr><td>?</td><td>疑問符</td><td>0個または1個</td></tr>
<tr><td>^</td><td>カレット</td><td>カレットの右の表記を否定，あるいは行頭</td></tr>
<tr><td>$</td><td>ドル記号</td><td>行末</td></tr>
<tr><td>[ ]</td><td>ブラケット</td><td>キャラクタクラス</td></tr>
<tr><td>( )</td><td>パーレン</td><td>グルーピング</td></tr>
<tr><td>|</td><td>パイプ</td><td>パターンの論理和</td></tr>
<tr><td>\t</td><td></td><td>水平タブ</td></tr>
<tr><td>\f</td><td></td><td>改頁</td></tr>
<tr><td>\n</td><td></td><td>改行</td></tr>
</table>

2.2.2 正規表現

正規表現とは，文字列の検索・置換を行うため，文字列のパターンを記号の組み合わせで表現する表記法である．正規表現には，アルファベットとメタキャラクタとよばれる特別な意味をもっている記号を用いる．正規表現に用いられている主なメタキャラクタとエスケープシーケンスを表2.1に示す．エスケープシーケンス (escape sequence) とは，コンピューターシステムにおいて，通常の文字コードでは表せない特殊な機能を表すために記号とアルファベットを組み合わせたものである．たとえば，タブは\t，改行は\n，改ページは\f で表されている．バックスラッシュ\はコンピューターシステムによっては半角の ¥で表示される．

正規表現の使用例を示すために，青空文庫からダウンロードした芥川龍之介の「杜子春」のファイルの一部分を次に示す．

```
或《ある》春の日暮です。
唐《とう》の都｜洛陽《らくよう》の西の門の下に、ぼんやり空を仰いで
```

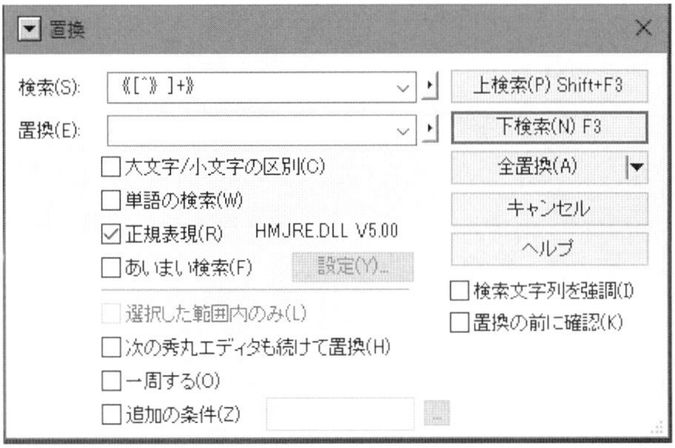

図 2.3　正規表現を用いた文字列削除の例

いる、一人の若者がありました。

上記の文中で，ルビは括弧《》に囲まれている．テキストを分析する際にルビを用いたくない場合は，ルビを事前に削除しておくとよい．このような作業を一つひとつ手作業で削除するのは労力がかかる．これを一括削除することは正規表現の機能を用いて行うことができる．

ルビおよびルビを囲む括弧《》は，正規表現《[^》]+》で表すことができる．この正規表現において《》に囲まれている [^》] は，記号》以外のすべての文字列を示している．

具体的な文字列を用いて正規表現の例を説明すると，正規表現 **基[^本礎]** は，テキストの中の「基本」,「基礎」を除く「基」を含んだ2文字から構成される文字列「基板」「基は」「基づ」等がマッチする．

「秀丸」における正規表現の使用手順を次に示す．正規表現を用いた文字列の変換や削除は置換の機能を用いる．「秀丸」にテキストファイルを読み込み，メニューの「検索」⇒「置換」をクリック（ショートカットキー Ctrl+R を用いてもよい）すると，図 2.3 に示すような置換ダイアログボックスが開かれる．

「検索 (S)」の右の窓にルビの正規表現《[^》]+》を入力し，「置換 (E)」の右の窓は空白のままにし，「正規表現 (R)」の前にチェックをいれ，「全置換 (A)」ボタンを押すと，《》に囲まれている文字列および《》がすべて削除される．

括弧《》は見かけ上，記号 ≪≫ と似ている．このように見かけ上では，同じように見えるが，コンピューターの内部表記はまったく異なる記号がある場合もあるので，このような特殊な記号や文字に関する正規表現を書くときには，テキストの中のものをコピーして用いた方がよい．

2.3 プログラミング言語

前節のような作業でファイルを処理する際には，一つひとつのテキストファイルを開き，処理・保存する単純な作業を繰り返すことになる．また，エディタでは大量の置き換えの処理には時間がかかる．このような規則正しい単純な作業を効率良く行うためには，プログラミング言語を用いた方がよい．

プログラミング言語には，コンピューターが直接実行できる機械語で記述する低級言語と人間の使っている語句と記号列を介して記述し，それをコンピューターが実行できる機械語に翻訳してプログラムを動かす高級言語に分類できる．

高級言語には，BASIC，C，FORTRAN，Java，Perl，Ruby，Python，R 等多くある．これらの言語は，インタプリタ (interpreter) 型とコンパイラ (compiler) 型に大別できる．

インタプリタ型とは，書かれたプログラミングソースコードを逐次機械語に変換しながら実行するプログラムである．BASIC，Perl，Ruby，Python，R 等はインタプリタ型の言語である．

コンパイラ型とは，書かれたプログラム全体を一括して，コンピューターが直接実行可能な機械語に変換して実行するプログラミング言語である．C，FORTRAN，Java 等はコンパイラ型言語である．コンパイラ型言語のプログラムは，まずプログラムをコンパイルすることが必要である．

どのプログラミング言語を用いてもテキストの処理を行うことは可能

であるが，テキスト処理には Perl（パール），Ruby（ルビー），Python（パイソン）が向いている．

従来はテキスト処理に Perl 言語を多く用いたが，近年徐々に Ruby や Python を用いる傾向が強くなっている．Ruby は日本生まれであるので，日本語処理には強い．ただし，国際的にみれば Python のユーザが圧倒的に多い．

Python は，オランダの Guido van Rossum が 1991 年に Python 0.90 のソースコードを公開した言語である．この時点ですでにオブジェクト指向言語の特徴である継承，クラス，例外処理，メソッド，抽象データ型である文字列，リストの概念を利用している．Python はプログラムコードを単純化して，読みやすくかつ書きやすくしてプログラマの作業性を高めるように設計されている．

Python はウェブアプリケーション，各種の自動処理，自然言語処理や統計解析および機械学習等の幅広い領域で用いられ，R と並んでデータサイエンティストにとって必須の言語ともいわれている．

2.4　テキストの処理

テキストの計量分析は，研究の視点によって用いる単位が異なる．音韻の視点で計量を行う場合は，音素 (phoneme)，音節 (syllable)，モーラ (mora) 等になり，語彙，意味の視点で計量を行う場合は，語 (word)，句 (phrase)，文 (sentence)，段落 (paragraph) 等になる．テキストを計量的に分析するためには，まず何を単位に計量するかを決める必要がある．

日本語や中国語のような言語は，英語や韓国語のようにテキストが単語や句に分かれず，句読点によって区切られているだけである．したがって，語，文節等を計量するためには，テキストを語や文節等を単位として分割（分かち書き）し，関連の情報を付与しておくことが必要である．本節では，テキストを語や文節に分解する基礎概念，ツールについて説明する．

2.4.1　形態素解析

日本語においては，意味情報を抽出するためには文字単位より，単語，文節を単位にした方がよい．

単語について，広辞苑（第七版）では「文法上の意味・機能を有する，言語の最小単位．文の成分となる．たとえば『花が咲く』という文における『花』『が』『咲く』等．」と説明されている．

しかし，言語学においては，学説によって単語に対する解釈が異なる．たとえば，自立語（単独で文節を構成できる語）と付属語（助詞，助動詞の類）をそれぞれ語として認めるか認めないかによって，語に関する定義が異なる．機械的に文を語に分解するときには，自立語と付属語をそれぞれ語として認めるのが一般的である．

通常，意味をもつ最小の記号・文字列の単位を形態素 (morpheme) といい，文を形態素ごとに分割し，品詞や記号の名称等を付け加える作業を形態素解析 (morphological analysis) という．

形態素解析器は，自然言語の文法知識や辞書に基づいて，文を形態素に分割し，それぞれの品詞情報等を機械的に付与する．形態素解析のフリーソフトがいくつか公開されている．広く知られているのは JUMAN，ChaSen，MeCab である．形態素解析ソフトを形態素解析器ともよぶ．形態素解析器は，解析プログラムと辞書により構成されている．

(1) JUMAN

形態素解析器 JUMAN は，元京都大学総長 長尾真氏の研究室から1992年に公開された．現時点では，同大学の黒橋・河原研究室で継承し，改良が続いている．最新バージョンは，次のサイトからダウンロードできる (`http://nlp.ist.i.kyoto-u.ac.jp/index.php?JUMAN`)．

インストール等に関しては，ソフトに同梱されているマニュアルに説明されている．JUMAN による例文「テキストについて計量分析を行う。」の解析の結果を次に示す．返された結果の最後の `EOS` は終了記号である．

```
テキスト　（てきすと）　　テキスト　普通名詞
に　　　　（に）　　　　　に　　　　格助詞
ついて　　（ついて）　　　つく　　　動詞　　　子音動詞カ行　タ系連用テ形
計量　　　（けいりょう）　計量　　　サ変名詞
分析　　　（ぶんせき）　　分析　　　サ変名詞
を　　　　（を）　　　　　を　　　　格助詞
行う　　　（おこなう）　　行う　　　動詞　　　子音動詞ワ行　基本形
。　　　　（。）　　　　　。　　　　句点
EOS
```

返された結果は，形態素，読み，原型，品詞，品詞の細分類等の順に横に並べられている．

(2) ChaSen（茶筌）

ChaSenは，奈良先端科学技術大学院大学の松本裕治氏の研究室で開発され，1997年に公開された．ChaSenは松本裕治氏の研究室のサイトの「自然言語処理ツール」のリンクからダウンロードすることができ，マニュアルも同梱されている (http://cl.aist-nara.ac.jp/).

(1) と同じ例文についてChaSenの形態素解析の結果を次に示す．

```
テキスト　テキスト　　テキスト　名詞-一般
について　ニツイテ　　について　助詞-格助詞-連語
計量　　　ケイリョウ　計量　　　名詞-サ変接続
分析　　　ブンセキ　　分析　　　名詞-サ変接続
を　　　　ヲ　　　　　を　　　　助詞-格助詞-一般
行う　　　オコナウ　　行う　　　動詞-自立　　　五段・ワ行促音便　基本形
。　　　　。　　　　　。　　　　記号-句点
EOS
```

出力結果の第1列は，形態素（表層語），第2列は読み方（発音），第3列は形態素の基本形，第4列は品詞情報，第5列は活用情報である．出力の形式と出力項目は，オプションを用いて指定することができる．

(3) MeCab（和布蕪）

MeCabは京都大学情報学研究科と日本電信電話株式会社コミュニケー

ション科学基礎研究所の共同研究ユニットプロジェクトを通じて工藤拓氏が2002年に公開した．その大きな特徴は，処理速度がChaSen，JUMANより速いことである．MeCabおよび関連情報は，次のサイトから入手できる(http://taku910.github.io/mecab/)．JUMANやChaSenと同じ例文を用いたMeCabの実行結果を次に示す．

```
テキスト　名詞,一般,*,*,*,*,テキスト,テキスト,テキスト
について　助詞,格助詞,連語,*,*,*,について,ニツイテ,ニツイテ
計量　　　名詞,サ変接続,*,*,*,*,計量,ケイリョウ,ケイリョー
分析　　　名詞,サ変接続,*,*,*,*,分析,ブンセキ,ブンセキ
を　　　　助詞,格助詞,一般,*,*,*,を,ヲ,ヲ
行う　　　動詞,自立,*,*,五段・ワ行促音便,基本形,行う,オコナウ,オコナウ
。　　　　記号,句点,*,*,*,*,。,。,。
EOS
```

形態素解析の結果は，用いるソフトによって異なる場合がある．たとえば，JUMANでは「について」が「に」「ついて」の二つの形態素に分割されているがMeCabとChaSenでは一つの形態素になっている．

このような異なり，あるいは誤りは，辞書や文法ルールの登録等で改善させることができる．以上のことから，形態素解析ソフトの結果を用いてテキストを解析する際には，何らかの学説や理論に基づいて解析結果についてチェックし，修正等を行うことが必要である．

(4) 辞書

形態素解析ソフトJUMAN，ChaSen，MeCabには辞書が用いられている．ChaSenとMeCabにはIPADicがデフォルトに用いられている．IPADicは，情報処理振興事業協会(IPA)で設定されたIPA品詞体系(THiMCO97)に基づいて一部修正を加えたものである．IPADicはICOT辞書をベースとしている．

ICOT(institute for new generation computer technology)は，1982年に通産省の提案で組織された第五世代コンピューターの研究開発機関・新世代コンピューター技術開発機構の略称である．新しいコンピューターの

研究活動を行うことを目的として，日本国内の研究機関・民間企業等から研究員を集め，10年計画で研究を進められた．そのときに作成した辞書をICOT辞書とよぶ．ChaSenもそのプロジェクトの成果物である．

形態素の認定は，文法や分野によって揺れがある．よって，異なる辞書が開発されている．国立国語研究所では均衡コーパスを作成し，公開している．そこではUniDic辞書を用いている．その特徴の一つは，国立国語研究所で規定した「短単位」という揺れがない斉一な単位で設計されている．UniDic辞書を用いたツールとして「近代茶まめ」がある．MeCab用のUniDicも公開されている．

また，形態素解析用辞書IPADicのICOT条項をクリアするとともに表記揺れ情報，複合語情報を付与した日本語辞書NAISTが公開されている．JUMANにはJUMANの専用辞書がデフォルトで設定されている．

最近これらの辞書は形態素解析器MeCabやJUMANに使用可能な形式で公開されている．たとえば，MeCabに使用可能な辞書としてmecab-naist-jdic, mecab-jumandic, mecab-unidic等がある．

また，多数の言語資源を使って新語辞書を生成するNEologdが公開されており，既存の辞書を組み合わせて用いることができる．たとえば，MeCabに用いるためのIPADicに新語辞書を加えたmecab-ipadic-NEologd，UniDicに新語辞書を加えた辞書mecab-unidic-neologdが公開されている．

なお，次のウェブ上でIPADic，NAISTDic，UniDic現代語版，UniDic近代文語版，JUMANDicを用いたMeCabによる形態素解析結果とYahoo形態素解析結果を比較するページが公開されている．

`http://www.mwsoft.jp/programming/munou/mecab_dic_perform.html`

どの辞書を用いるべきかに関しては，研究の対象や目的に依存するため，事前テストを行ったうえで決めた方がよい．

2.4.2　構文解析

構文解析 (syntactic analysis) とは，文法規則に基づいて，文の構造を句・文節を単位として解析することである．句とは，二つ以上の語が集まって一つの品詞と同じような働きをしながら，文を構成する語の塊である．名詞の役割を果たす句を名詞句 (NP)，動詞の役割を果たす句を動詞句 (VP) といい，同様に形容詞句 (ADJP)，副詞句 (ADVP) 等がある．

英語では，句構造で構文解析を行うが，日本語の場合は，文節を単位に係り受け関係を用いて構文を解析するのが一般的である．文節とは，日本語を意味のわかる単位で区切ったものであり，国語学者 橋本進吉の文法学説用語によると，文を読む際に，自然な発音によって区切られる最小の単位である．日本語においては，文における任意の一つの文節は，その文節の後に少なくとも一つの文節と係り受け関係をもつ特徴がある．

例文「太郎と花子は一緒に学校に行った。」を文節に分割し，係り受け関係を矢印で示したものを図 2.4 に示す．

図 2.4　文節の係り受け関係

係り受け関係を解析するフリーソフトとしては，JUMAN をベースとした KNP，MeCab をベースとした CaboCha（南瓜）がある．文節の切り分けの精度は高いが，係り受け関係の精度は 90% 前後であるのが現状である．

(1) JUMAN/KNP

KNP は，京都大学の JUMAN をベースとした係り受け関係による構文解析器であり，1993 年に公開された．現時点では，次のサイトからダウンロードできる (`http://nlp.ist.i.kyoto-u.ac.jp/?KNP`)．

JUMAN と KNP がインストールされている環境上で，図 2.4 の例文について文節の係り受け関係を解析した結果を次に示す．

```
# S-ID:1 KNP:
```

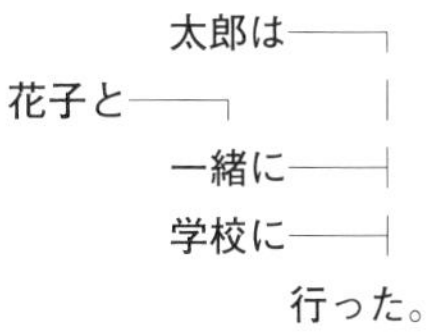

このような係り受け関係の結果を構文木ともよぶ．構文木は，文の構造を視覚的に考察するには非常に有益である．しかし，計量分析を行うには向いていない．KNPの出力形式はオプションを用いることにより，係り受け関係をデータで返すことができる．ただし，返された結果には多くの付属情報が付与されているので，読者の負担を考え，ここでは省略する．

(2) CaboCha（南瓜）

CaboCha（南瓜）は，工藤拓氏と松本裕治氏により開発された．CaboChaはサポートベクターマシン (support vector machines) とよばれる機械学習の分類アルゴリズムに基づいた係り受け解析器である．CaboChaは，次のサイトからダウンロードできる (`https://taku910.github.io/cabocha/`)．

KNPはJUMANを介して文節の係り受け解析を行うが，CaboChaは単独で用いることができるように作成されている．前節と同じ例文の解析結果を次に示す．

```
<PERSON>太郎</PERSON>は-------D
  <PERSON>花子</PERSON>と-D     |
                        一緒に---D
                          学校に-D
                          行った。
```

デフォルトには係り受け関係図を出力するように設定されている．出力形式のオプションを用いると，次のような結果が出力される．

```
* 0 4D 0/1 -1.923920
太郎	名詞,固有名詞,人名,名,*,*,太郎,タロウ,タロー
は	助詞,係助詞,*,*,*,*,は,ハ,ワ
* 1 2D 0/1 0.690701
花子	名詞,固有名詞,人名,名,*,*,花子,ハナコ,ハナコ
と	助詞,格助詞,一般,*,*,*,と,ト,ト
* 2 4D 0/1 -1.923920
一緒	名詞,サ変接続,*,*,*,*,一緒,イッショ,イッショ
に	助詞,格助詞,一般,*,*,*,に,ニ,ニ
* 3 4D 0/1 -1.923920
学校	名詞,一般,*,*,*,*,学校,ガッコウ,ガッコー
に	助詞,格助詞,一般,*,*,*,に,ニ,ニ
* 4 -1D 0/1 0.000000
行っ	動詞,自立,*,*,五段・カ行促音便,連用タ接続,行く,イッ,イッ
た	助動詞,*,*,*,特殊・タ,基本形,た,タ,タ
。	記号,句点,*,*,*,*,。,。,。
EOS
```

返された結果の*と*に挟まれているのが一つの文節である．第1文節の始まりの「* 0 4D」は，文頭の文節（番号は0）「太郎は」が文節番号4Dにかかることを意味する．4Dは5番目の文節「行った。」を指す．

2.5　要素・項目の集計

2.5.1　*n*-gram 統計モデル

文字・記号列を集計する方法として，n-gram（エヌグラム）統計モデルがある．n-gramとは隣接しているn個の文字・記号を切り出した文字・記号列のパターンである．nが1のときunigram（ユニグラム），nが2のときbigram（バイグラム），nが3のときtrigram（トライグラム），nが4以上のときにはfour-gram（フォーグラム）のようによぶ．n-gramはn個の文字・記号列$s_i s_{i+1} s_{i+2} \cdots s_{i+n-1}$の同時出現確率を用いた統計モデルである．

$$p(s_i s_{i+1} s_{i+2} \cdots s_{i+n-1})$$
$$= p(s_i)p(s_{i+1}|s_i)p(s_{i+2}|s_i s_{i+1}) \cdots p(s_{i+n}|s_i s_{i+1} s_{i+2} \cdots s_{i+n-2})$$

大量のテキストから得られた n-gram 統計データは，テキストの解析および自然言語処理に広く用いられている．たとえば，英文では q の後ろには，ほとんどの場合 u が続くことから，q の後に続く文字が識別できない場合は u と断定しても間違える確率は非常に小さい．昨今，検索エンジンにおける検索語の候補リストの更新は文字列の n-gram データが用いられている．

n-gram の例として，例文「きしゃのきしゃがきしゃできしゃする．」（貴社の記者が汽車で帰社する）の unigram，bigram，trigram の集計結果を表 2.2 に示す．

n-gram は文字だけではなく，単語，品詞，文節などを単位としてもよい．また，分析対象となる項目以外を無視して，隣接している項目の n-gram を用いることも可能である．たとえば，テキストの中の助詞について統計を行うときには，テキストの中に現れている助詞以外を取り除き，助詞のみの n-gram の統計データを用いると助詞の組み合わせの特徴を分析することが可能である．

表 2.2 からわかるように，文字を単位とした n-gram には言語学的に意味をもたないものも多く含まれている．n-gram モデルは，欠点はあるもののデータの集計に便利であることからテキスト処理を含む自然言語処理に広く用いられている．

2.5.2 特徴ベクトル

テキストアナリシスにおいて重要なのは，テキストからどのような要素を集計して分析するかである．本書では一つのテキストから集計したデータを特徴ベクトルとよぶ．

ビジネスの分野では，テキストの内容に関して興味をもっているので主に内容語が集計対象になり，名詞や形容詞を対象にする場合が多い．しかし，名詞は，代名詞，組織名詞，地名，サ変名詞，一般名詞，数詞等

表 2.2 例文の文字単位の n-gram ($n=1,2,3$)

(a) unigram

1文字	度数	相対度数
き	4	0.222
し	4	0.222
ゃ	4	0.222
.	1	0.056
が	1	0.056
す	1	0.056
で	1	0.056
の	1	0.056
る	1	0.056
合 計	18	1

(b) bigram

2文字	度数	相対度数
きし	4	0.235
しゃ	4	0.235
がき	1	0.059
する	1	0.059
でき	1	0.059
のき	1	0.059
ゃが	1	0.059
ゃす	1	0.059
ゃで	1	0.059
ゃの	1	0.059
る.	1	0.059
合 計	17	1

(c) trigram

3文字	度数	相対度数
きしゃ	4	0.250
がきし	1	0.062
しゃが	1	0.062
しゃす	1	0.062
しゃで	1	0.062
しゃの	1	0.062
する.	1	0.062
できし	1	0.062
のきし	1	0.062
ゃがき	1	0.062
ゃする	1	0.062
ゃでき	1	0.062
ゃのき	1	0.062
合 計	16	1

に細分類することができるので，どのように分類し，どのような項目を用いるかに関しては分析者が決める．また，形容詞については，ポジティブ（たとえば，嬉しい，よい）であるか，ネガティブ（たとえば，悲しい，悪い）かを判断することが必要な場合もある．その際，研究内容によっては，辞書が必要となる．

計量文体分析の場合は，内容分析よりやや複雑である．テキストの構成要素の長さに関しては，単語の長さ，文の長さ，段落の長さ等を，形態素や語彙に関しては，語彙の豊富さ，各々機能語の使用頻度や共起頻度等を集計・算出して用いる．また，形態素のタグの n-gram が有効な特徴量である．パターンに注目したものとして，文頭，文末のパターン，文節のパターン，記号に関しては記号の前の文字，記号前の品詞との組み合わせ等が文体の特徴量として提案されている．

英語における文体特徴量に関しては，Grieve(2007) は数十種類の文体特徴量について比較分析を行い，語と記号の特徴量 (word and punctuation mark profile) が最も有効であることを示した．日本語，中国語，韓国語においても語・記号・文節パターン，形態素タグの n-gram が有効である（金, 1994, 1997, 2002, 2003ab, 2004ab, 2013; Jin and Huh, 2012; Jin and Jiang, 2013; 李他, 2016; Sun and Jin, 2017; 孫・金, 2018; 劉・金, 2017ab）．

形態素解析や構文解析の結果を集計するためには，プログラミングを行うかまたは集計のツールを活用することが必要である．市販のテキストマイニングツールには，形態素解析や構文解析機能および集計と分析の機能が組み込まれている．

集計分析を行うフリーソフトとしては，立命館大学の樋口耕一氏が作成した KH Coder，徳島大学の石田基広氏が作成した RMeCab と RCaBoCha，筆者が研究と教育用として作成した MTMineR，大阪大学の松村真宏氏と関西学院大学の三浦麻子氏が作成した TTM 等がある．これらの基本機能等の参考文献としては石田・金 (2012) がある．

第3章

テキストデータの視覚化

テキストアナリシスを行う際には，語，文節，句等のテキストを構成する要素の全体的な状況を把握し，それらの関係を分析することが必要である．その要素間の関係，テキスト間の関係，要素とテキスト間の関係を視覚化することは，テキストアナリティクスの分野で非常に重要である．本章では，テキストアナリティクスに多く使用されている最も一般的な方法について説明する．

3.1 棒グラフと折れ線グラフ

テキストアナリティクスにおける棒グラフは，テキストにおける要素の頻度あるいは相対頻度を棒の高さ（あるいは長さ）で示すのが一般的である．市販されているほとんどのテキストアナリティクスツールには実装されている．

多くのツールに備わっている棒グラフの機能は，図3.1のような度数，または相対度数によって示されるような単純なものである．少し情報を加えることで，図3.1(b)のような棒グラフを作成することもできる．図3.1(b)は大学生活に関するアンケート調査における自由回答文の例である．学科別の特徴を考察するため，学科の情報に基づいてその相対使用頻度を棒で示している．横軸には語句，縦軸にはその語句の相対頻度を示している．このような棒グラフから，学科別の特徴を分析することができ

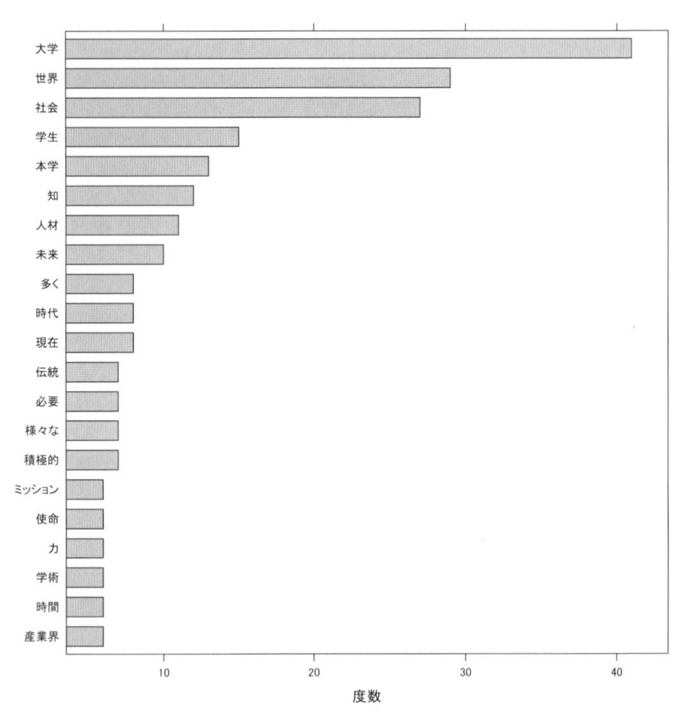

(a)　テキストにおける語句の棒グラフ

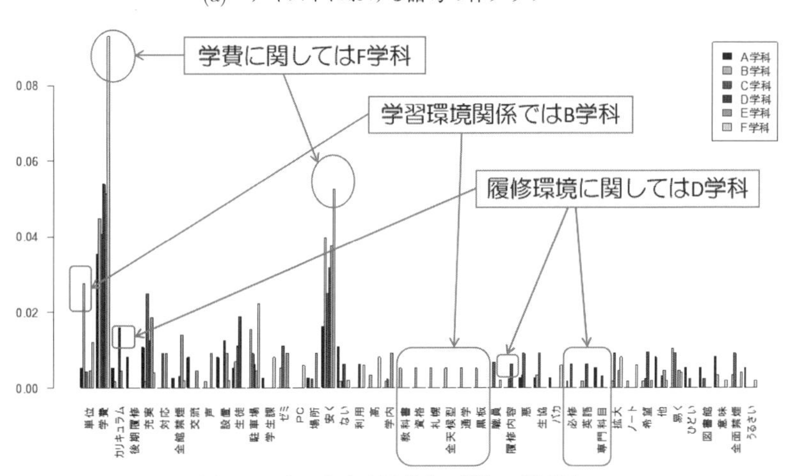

(b)　アンケート自由回答文の語句の棒グラフ

図 3.1　学科別の語句の棒グラフ

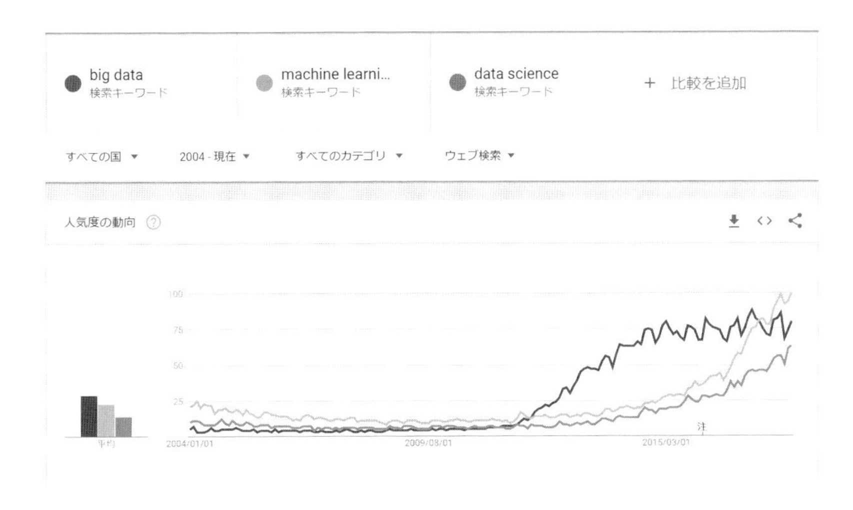

図 3.2　Google トレンドにおける三つの語句の折れ線グラフ

る．

折れ線グラフは，ある語彙の使用頻度の遷移状況の考察や比較によく用いられる．図 3.2 に Google トレンドにおける “big data”，“machine learning”，“data science” について 2004 年から 2018 年 1 月末までの出現頻度の折れ線グラフを示す．この折れ線の状況から三つの語句の使用状況が把握できる．

3.2　ワードクラウド

テキストにおける語句の使用頻度を用いた視覚化の方法として，ワードクラウド (word cloud) がある．ワードクラウドグラフは，図 3.3 のように語句のサイズを使用頻度に比例するように示したものである．図 3.3 は，T 大学と K 大学の総長の就任メッセージ文を JUMAN で形態素解析し，その中のサ変名詞と一般名詞を集計し，示したものである．ただし，「大学」という共通した語は取り除いた．図から T 大学総長は「学術」「知」「改革」「課題」，K 大学総長は「教育」「研究」「社会」「学生」にポイントをおいていることが読み取れる．

T大

図 3.3　ワードクラウドの例

ワードクラウドの作成における計算方法は統一されていない．図 3.3 では式 $(F_i - S)(L_g - S_g)/(L - S)$ を用いて文字サイズを計算し，視覚化したものである．式の中の F_i は単語 i の頻度，$S = \min F_i$，$L = \max F_i$，S_g はグラフに表示する最小文字サイズ，L_g は最大文字サイズである．ワードクラウドは，多くのバージョンがあり，近年デザインとしても用いられている．

3.3　格子グラフ

格子グラフ (grid plot) は，語句の数とテキストの数を縦軸と横軸にして格子を作成し，各テキストに出現した語句の相対頻度を何らかの印や色で示す視覚化方法である．図 3.4 に，ある年の 7 つの国立大学の総長のメッセージの中の名詞（一般名詞，サ変名詞）上位 20 個の格子グラフを示す．ここではバブルのサイズで相対頻度の大小を示している．つまりバブルが大きいほどそのメッセージで多く使用されていることを意味する．たとえば，図中の C 大学総長のメッセージでは「研究」が多く強調されており，「知」に関しては F 大学総長のメッセージが最も多く用いられている．

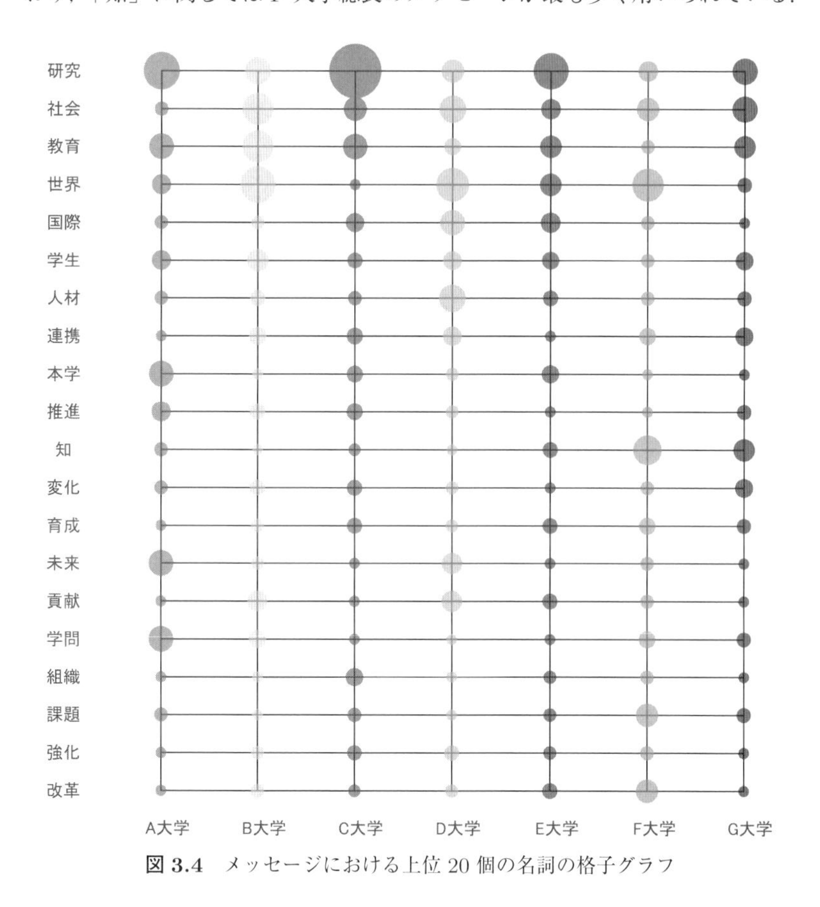

図 3.4　メッセージにおける上位 20 個の名詞の格子グラフ

3.4 ネットワークプロット

ネットワーク分析は，社会学や通信ネットワーク等の分野で多く用いられている．ネットワーク分析は，数学のグラフ (graph) 理論に基礎を置いている．したがって，分野によってはグラフ分析ともよぶ．ネットワークは，頂点 (V: vertex) と辺・線 (E: edge) を基本構成要素とする．ネットワークは，線で点と点の関係を示す．線が方向性をもつグラフを有向グラフ (directed graph)，線が方向性をもたないグラフを無向グラフ (undirected graph) とよぶ．図 3.5 に，有向グラフと無向グラフの例を示す．

ネットワーク分析では，図 3.5(a) の関連性を表 3.1(a) のように 1, 0 で示すデータ形式を用いるのが一般的である．図 3.5(a) の A から B に線が結ばれているため，表 3.1(a) の A 行 B 列は 1 となっている．一方，B から A へは線が結ばれていないため B 行 A 列は 0 である．図 3.5(a) は有向グラフであるので，行列が非対称である．無向グラフ図 3.5(b) は，表

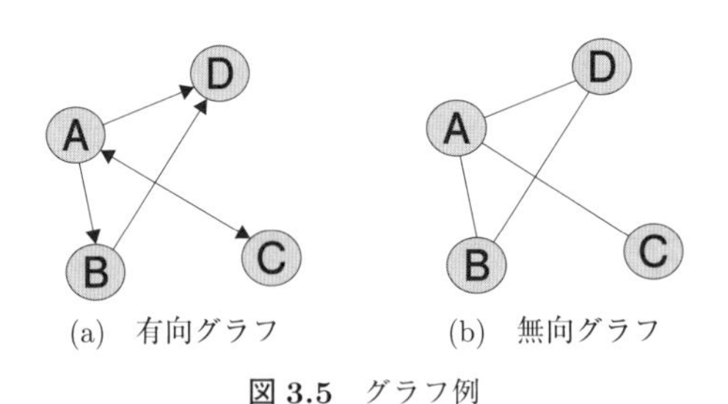

(a) 有向グラフ　(b) 無向グラフ

図 3.5 グラフ例

表 3.1 隣接行列

(a)

	A	B	C	D
A	0	1	1	1
B	0	0	0	1
C	1	0	0	0
D	0	0	0	0

(b)

	A	B	C	D
A	0	1	1	1
B	1	0	0	1
C	1	0	0	0
D	1	1	0	0

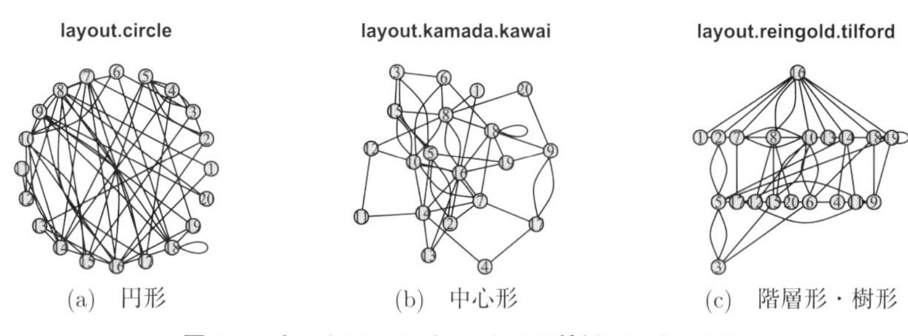

(a)　円形　(b)　中心形　(c)　階層形・樹形

図 3.6　ネットワークプロットの三種類のレイアウト

3.1(b) のように表すことができる．表 3.1(b) は対称行列である．表 3.1 のデータを隣接行列とよぶ．

ネットワークプロットにはいくつかのレイアウトが提案されている．主なレイアウトとしては円形，中心形，階層形・樹形がある．図 3.6 に 20 個の頂点から構成する三種類のグラフの図示の例を示す．いずれのネットワークも視覚的には異なるものの，用いる隣接行列は同じであり，客観的に分析を行うことが重要である．

3.4.1　ネットワークの統計量

ネットワークの構造上の特徴を分析するためには何らかの統計量を用いることが必要である．ネットワークに関しては多くの統計量が考案されている．紙面の都合上，それらを詳細には述べられないため，ここでは次数，密度，中心性の指標，クラスターの係数，次数相関係数，パスの長さ等について簡潔に紹介する．

(1)　次数

ネットワークにおける基本要素は頂点と辺である．ネットワークの複雑さは頂点と辺の数に依存する．ネットワークにおける各頂点にかかる辺の数を次数 (degree) とよぶ．図 3.5(a) で頂点 B にかかわる辺は 2 つである．よって次数は 2 である．頂点 C にかかわる辺は 1 つだと勘違いしそうだが，辺の矢印が双方向であるため次数は 2 になる．次数統計量は (3) で説明する中心性の統計量として用いられている．

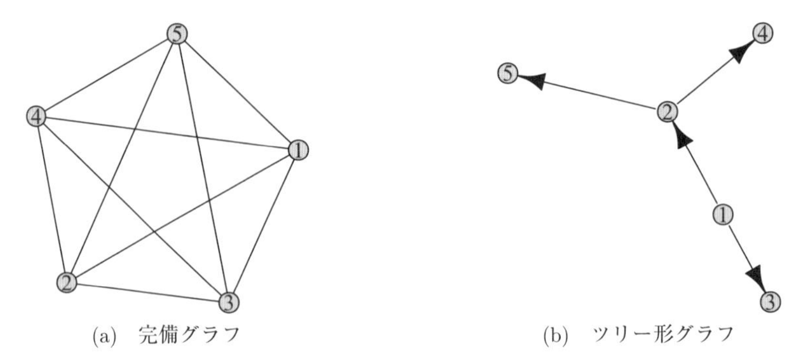

図 3.7 5 個の頂点の完備グラフとツリー形グラフ

(2) 密度

密度 (density) は，ネットワークの混み具合を示す度合であり，有向グラフでは density $= \frac{e}{v(v-1)}$，無向グラフでは density $= \frac{2e}{v(v-1)}$ で定義されている．式の中の v は頂点の数，e は辺の数である．式からわかるように，辺の数が多ければ多いほど密度の値が大きいため，ネットワークが相対的に複雑になる．

図 3.7 に示す 5 個の頂点で構成された完備グラフ（完全グラフともよぶ）とツリー形のグラフについて，その密度を求めてみてほしい．完備グラフはすべての頂点の間には辺がつながっているため，密度が 1 になっているがツリー形のグラフは密度が 0.2 になっている．このように密度はグラフの辺の混み度合を示す指標である．値が高いほど混みあっている．最大値は 1 であり，最小値は 0 である．

(3) 中心性

中心性に関しては，次数中心性，近接中心性，固有ベクトル中心性，媒介中心性等がある．近接中心性 (closeness centrality) はグラフにおける，ある頂点と他の頂点の近さに関する指標であり，次の式で定義されている．

$$\text{closeness} = \frac{1}{\sum_{\text{all}\ \ i,j}^{i \neq j} d(v_i, v_j)}$$

式の中の $d(v_i, v_j)$ は，頂点 v_i と頂点 v_j の最短距離である．よって，近接中心性は，値が大きいほど中心性が高い．

固有ベクトル中心性 (eigenvector centrality) は，隣接行列の第 1 固有ベクトルを用いて，隣接する頂点の中心性を表す指標である．固有ベクトル中心性は，値が大きいほど中心性が高い．ただし，隣接行列が非対称的な場合は，注意が必要である．

媒介中心性 (betweenness centrality) は，その頂点を通過しないと他の頂点に到達できない度合である．つまり，ある頂点がその他の 2 点を結ぶ最短経路の度合であり，値が大きいほど中心性が高い．

これ以外にもボナチッチ (Bonacich) のパワー中心性，情報中心性等がある．多くの指標の中でどの指標を用いるべきかに関しては悩ましいことである．定説がないのが現状であり，目的に合わせて複数の指標を用いて比較分析を積み重ねることが必要である．

(4) クラスターの係数

クラスターの係数は頂点の近傍の関係を示す度合であり，隣り合う頂点の間に三角形ループが形成される指標である．推移性 (transitivity) ともよばれている．クラスターの係数は，グローバルクラスター係数やローカルクラスター係数に細分類することができる．

グローバルクラスター係数は次のように定義されている．

$$G_{\mathrm{transitivity}} = \frac{\sum BA}{\sum B} = \frac{3 \times \text{三角形の数}}{2\text{つのエッジを持つノード数}}$$

式の中の B は隣接行列 A の内積の主対角成分を 0 にした行列である．

ローカルクラスター係数は，次の式で定義されている．

$$L_{\mathrm{transitivity}} = \frac{2 \times (v_i \text{ を含む三角形の数})}{k_i(k_i - 1)}$$

式の中の v_i は頂点，k_i は頂点 v_i の次数を示す．式の分母からわかるように次数が 1 の頂点においてはローカルクラスター係数が求められない．

(5) 次数相関係数

ネットワーク内の任意の 2 つの頂点間の次数の関連性を示す指標とし

て次数相関係数 (assortativity coefficient) がある．次数相関係数もいくつかの種類があるが，ここでは Newman が提案した，次の式で定義されている相関係数を紹介する (Newman and Welling, 2007).

$$r = \frac{M^{-1}\sum_i^M j_i k_i - [(2M)^{-1}\sum_i^M (j_i + k_i)]^2}{(2M)^{-1}\sum_i^M (j_i^2 + k_i^2) - [(2M)^{-1}\sum_i^M (j_i + k_i)]^2}$$

式の中の M は辺の総数，j_i, k_i は辺 i に接続している両頂点の次数である．

(6) パスの長さ

パス (path) は通るルートを指す．つまり，頂点 v_i から頂点 v_k に辿りつくために通る辺の数である．グラフが複雑な場合はルートが複数ある．たとえば，図 3.7(b) の中の頂点 1 から頂点 3 までのパスは 1 であり，頂点 1 から頂点 4 までのパスは 2 である．

ネットワークにおいて，平均パスが短くクラスター係数が高い性質をもつネットワークをスモールワールドネットワークとよぶ．人間関係のネットワークは一般的にはスモールワールドネットワークであると考えられる．つまり，人間の知り合いに関して誰の仲介で知り合ったか，その関係をネットワークで示したとき，平均パスは比較的短くなる．

テキストが複数の場合は，テキストごとにネットワークプロットを作成し，その構造や特徴を比較することが可能な場合がある．上記に説明した次数の平均，密度，近接中心性，クラスター係数等の統計量はネットワークプロットの比較分析に有効である．

3.4.2 コミュニティ分析

ネットワークの内部にローカルネットワーク（サブネットワーク）が形成されることがある．ネットワーク分析では一つのネットワークをいくつかのサブネットワークにグルーピングしたものをコミュニティ (community) とよぶ．ネットワークにおけるコミュニティの抽出は，クラスターを見つけることである．コミュニティの抽出はオーバーラッピングを考えない方法とオーバーラッピングを考える方法に大別される．ここでのオーバーラッピングとは，ある個体が複数のコミュニティにまたがっていることを指す．

(1) コミュニティの分割

コミュニティの分割を視覚的に理解するため，図 3.8 に一つのネットワークプロットを二つのサブグラフに分けられる例を示す．図 3.8 でわかるようにコミュニティ分析は，ネットワークを何らかの特徴によりいくつかのサブネットワークに分割して，分析を行う方法である．

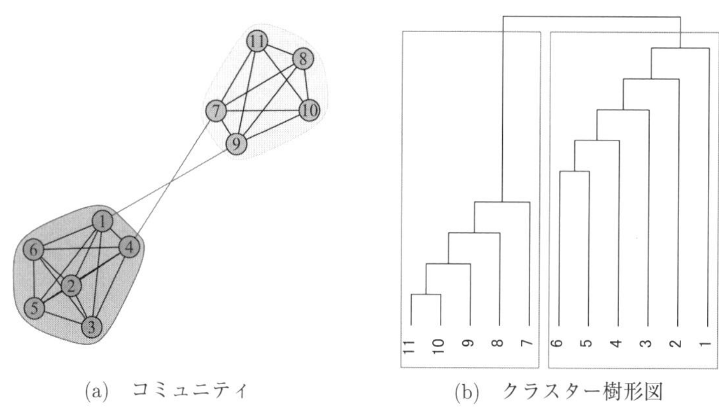

(a) コミュニティ　　(b) クラスター樹形図

図 3.8 グラフのコミュニティとクラスター樹形図

コミュニティのクラスタリングは，次の Q 値 (modularity) が最大になるような分割を行う方法が多く用いられている．

$$Q = \frac{1}{2M} \sum \left(A_{ij} - \frac{k_i k_j}{2M} \right) \delta(c_i, c_j)$$

式の中の A_{ij} は隣接行列の要素，M は辺の総数，k_i は頂点 v_i の次数，$\delta(c_i, c_j)$ は頂点 v_i と v_j が同じクラスターに属する場合は 1，そうではない場合は 0 をとる．

ネットワークの構造が複雑な場合，Q が最大になる計算は簡単ではない．そこで，何らかの制約条件の下で計算を行う方法として，貪欲法，辺の媒介性法，固有ベクトル法，焼きなまし法等が提案されている．

計算時間が短い順では，貪欲法，エッジ媒介性法，固有ベクトル法，焼きなまし法であり，精度の高い順では，焼きなまし法，固有ベクトル法，貪欲法，辺の媒介性法である説もある．これらの方法は何らかの前提条件に基づいているので，すべてのデータについて計算ができる保証はない．

(2) コミュニティとオーバーラッピング

ある頂点が図3.9(b)のように異なる複数のコミュニティにまたがって属することをオーバーラッピングとよぶ．オーバーラッピングがある場合のクラスタリングは，階層的クラスタリング法を用いる．クラスターの切断は，類似度の最小値と最大値を用いて規準化した密度を最大化した値に基づいている．類似度としては，次に示すジャッカード係数(Jaccard coefficient)が多く用いられている．

$$S(e_{ik}, e_{jk}) = \frac{|n_{+i} \cap n_{+j}|}{|n_{+i} \cup n_{+j}|}$$

式の中の e_{ik}，e_{jk} は頂点 v_k が共有する辺である．n_{+i} は頂点 v_i の一次近隣頂点の集合である．分子は共通の頂点の数，分母は両頂点の一次近隣の頂点総数である．

重み付きの有向グラフでは，次に示すTanimoto係数がある．

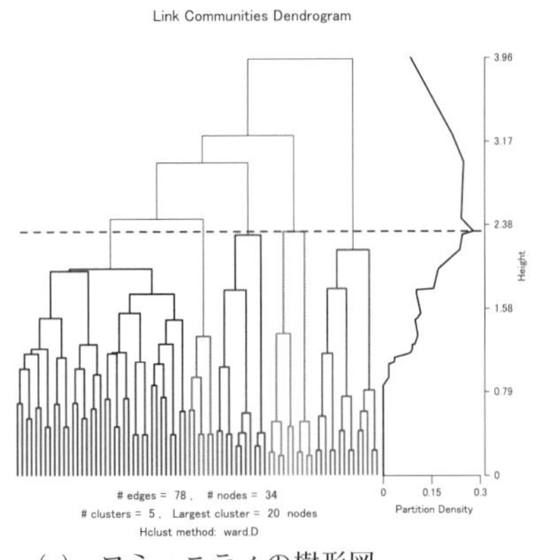

(a)　コミュニティの樹形図

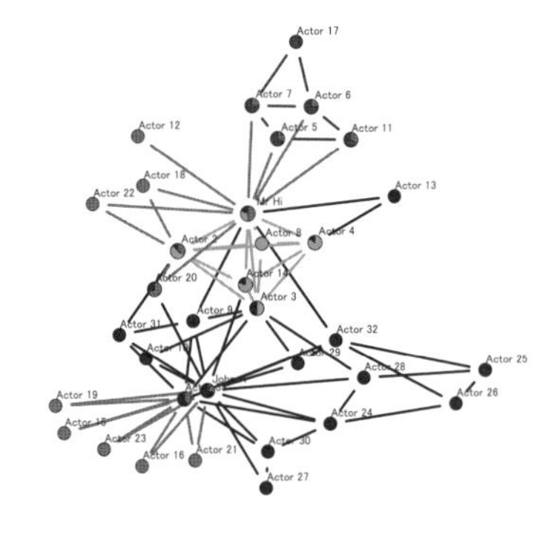

(b)　ネットワーク上のコミュニティ

図3.9　ネットワークのコミュニティ

$$S(e_{ik}, e_{jk}) = \frac{a_i a_j}{|a_i|^2 + |a_j|^2 - a_i a_j}$$

式の中の a_i は頂点 v_i の一次近隣頂点間の重みベクトルである．ここの一次近隣頂点は，頂点と頂点の直結を指す．

3.5　テキストにおけるネットワーク分析

本節では，何らかのツールを用いて集計したデータをネットワーク分析法でどのように分析するかについて簡単に説明する．形態素解析や構文解析を行い，形態素，文節およびそれらの共起の頻度を集計するツールとして MTMineR や KH Coder 等がある（石田・金, 2012）．

棒グラフやワードクラウド等はテキストにおける一つの要素の出現頻度を視覚的に考察することにとどまっている．それらの語がどのような文脈で使用されているかに関しては，ネットワークプロットを用いて考察することができる．

テキストマイニングを行う際には，語の共起（同時出現）パターンが一つの重要な情報となる．語の共起は，n-gram を含む広い意味での語が，文あるいはテキストの中で同時に用いられていることを指す．

次に，ある大学生活に関するアンケート調査における自由回答文を構文解析し，文節間の係り受け関係のみを抽出したデータセットを用いた例を示す．

	Term1	Term2	度数
1	学費を	安くして欲しい.	22
2	もっと	分かり	2
3	もっと	増やして欲しいです.	2
⋮			

このようなデータの行数が数百数千になる場合，すべてプロットすると画面上に語句が埋め尽くされ，ネットワークの構造がまったく見えない．そこで，まずラベルをプロットせずに図 3.10 のようなラベルなしのネットワークプロットを作成し，その全体構造を考察したうえで必要な部分を

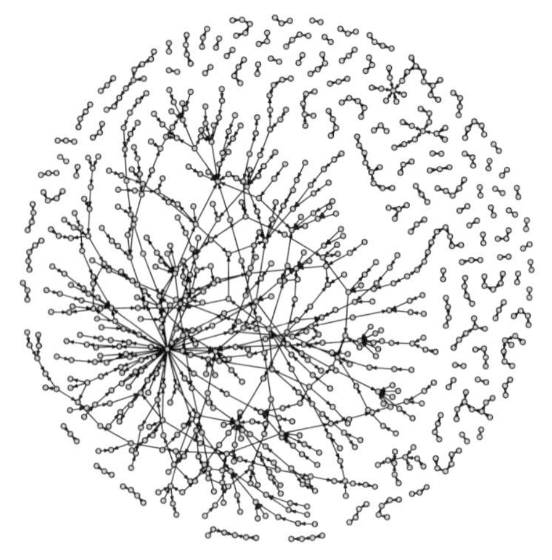

図 3.10 ラベルなしの文節の係り受け関係のネットワーク

切り取り考察した方がよい．

図 3.10 を見ると中心部に大きなネットワークの塊があり，グラフの外側の頂点は比較的次数が低く，かつパスが短い．このようなことは次数やパスの長さ等の統計量からも確認できる．多くの辺とかかわりがある頂点を見るためには，次数統計量を参考にするのも一つの方法である．図 3.10 に用いたデータの次数を求め，大きい順上位 3 位を次に示す．

もっと	して欲しい.	無い.
39	14	10

次数が最も高いのは「もっと」である．「もっと」と関連している文節を抽出してみることにする．「もっと」とパスの長さ 1 でリンクされている頂点を抽出したネットワークプロットを図 3.11 に示す．このようなネットワークでの特定の頂点に注目し，頂点に直接つながる局所ネットワークをエゴセントリックネットワーク (ECN: ego-centric network) とよぶ．

ある頂点周辺のパスの長さを増やしてネットワークプロットを作成し，考察することが必要な場合もある．用いたデータにおいて，頂点「学費を」の周辺のパス 4 までの頂点をプロットした結果を図 3.12 に示す．

サブグラフの抽出は，コミュニティ抽出の方法により，コミュニティ単

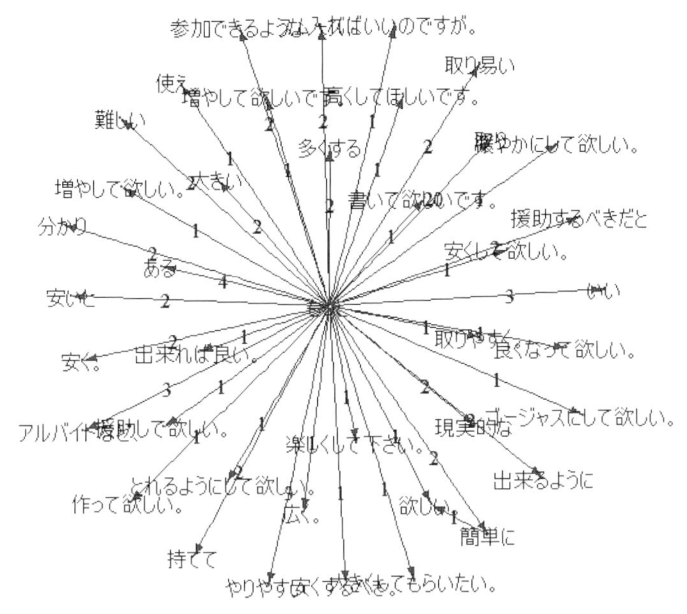

図 3.11 頂点「もっと」ECN グラフ（パスの長さが 1）

図 3.12 頂点「学費を」近隣のサブグラフ（パスの長さが 4）

位でサブグラフを作成することも可能である．また，グラフの中から個別の頂点を削除してグラフをシンプルにすることも可能である．ネットワーク分析は，このように探索的な作業を繰り返して行うことが不可欠である．さらなる理論や操作に関しては，鈴木 (2017) 等がある．

ネットワークプロットの応用が広がっているが，テキストアナリシスにおけるネットワークプロットは特別のケース以外には有向グラフを用いた方がよりテキストの内容を反映する．

R にはいくつかのネットワーク分析のパッケージがある（鈴木, 2017；金, 2016）．しかし，R の中のネットワーク分析のパッケージの GUI 操作やデザインはネットワーク分析の専用ソフトより劣る．フリーのネットワーク分析の専用ソフトとしては，Gephi(`https://gephi.org/`)，Cytoscape (`http://www.cytoscape.org/`)，Pajak(`http://vlado.fmf.uni-lj.si/pub/networks/pajek/`) などがある．R にはこれらのソフトウェアとの関連付けされたパッケージが公開されている．

●本節の内容に関する R スクリプト[1)]

```
> ####図 3.10 ネットワーク
> install.packages("igraph")  #パッケージのインストール
> library(igraph)
> data.path<- "http://mjin.doshisha.ac.jp/data/anketo.csv"
> data3<-read.csv(data.path)
> head(data3)
> g<-graph.data.frame(data3)  #ネットワークオブジェクトに変換
> plot(g,vertex.size=2,edge.arrow.size=0.2,vertex.label= "")

> ####図 3.11 の作成
> E(g)$weight<-data3[,3]
> sort(degree(g),decreasing=TRUE)[1:3]
```

1) 本書に掲載している R スクリプトおよび R スクリプトで使用する csv データはウェブサイト `http://www.kyoritsu-pub.co.jp/bookdetail/9784320112612` からも取得できる．

```
> #頂点の番号を取り出す
> li<-sort.list(degree(g),decreasing=TRUE)[1:3]
> ng<-neighborhood(g,1,li)[[1]]
> motto<-induced.subgraph(g,ng)
> plot(motto,vertex.size=1,edge.arrow.size=0.5,
      edge.label=E(g)$weight)

> ####図 3.12 の作成
> gakuhi<-induced.subgraph(g,neighborhood(g,3,1)[[1]])
> tkplot(gakuhi,vertex.size=1,edge.arrow.size=0.5,
        edge.label=E(g)$weight,vertex.label.cex=1.2)
```

第4章

法則と語句の重みおよび特徴語句抽出

データを分析する際には，データから法則を求めたり，比較分析するために指標・指数等を作成したりする手法がよく用いられている．本章では，テキストアナリシスにおける主な法則と指標について紹介する．

4.1 ジップの法則

大量のテキストに使用された要素の頻度を集計し，そのデータを値が大きい順に並べると，その順位（ランク）と頻度の間には次の法則があることが知られている．

$$\text{順位} \times \text{頻度} \fallingdotseq \text{定数}$$

この法則を「ジップ (Zipf) の法則」とよぶ．Zipf は，この研究を 1929 年頃から始めた．その結果に関連する主な書籍として，Zipf(1935, 1949) がある．当初は，最小労力法則 (principle of least effort) という用語を用いていた．

ジップの法則は，単語の使用頻度と順位との関係から導き出した法則であるが，言語データに限らず何らかの頻度と順位との関係に適用することが可能である．

頻度，順位，定数をそれぞれ f, r, c で表すと，ジップの法則は次の式で表される．定数 c は，データから求めることになる．

表 4.1 福田元首相の所信表明演説文の単語のランクと頻度

単語・記号	r	f	$r \times f$
の_助詞	1	243	243
を_助詞	2	194	388
に_助詞	3	151	453
ます_助動詞	4	78	312
し_動詞	5	74	370
て_助詞	6	72	432
⋮	⋮	⋮	⋮
野党_名詞	385	2	770
男性_名詞	384	1	384
⋮	⋮	⋮	⋮
科学_名詞	928	1	928

$$f_r \fallingdotseq \frac{c}{r} \quad (r = 1, 2, 3, \ldots, n)$$

福田元首相の所信表明演説文(http://www.kantei.go.jp/jp/hukudaspeech/2007/10/01syosin.html)における単語を，出現頻度が高い順に並べたランクと単語の頻度データを表 4.1 に示す．横軸をランク，縦軸を頻度としたグラフを図 4.1(a) に，またランクと頻度について対数をとったグラフを図 4.1(b) に示す．

表 4.1 からわかるように，$r \times f$ の値は一定ではない．しかし，図 4.1(b) ではデータが大まかに直線に近似することがわかる．そこで，ジップの法則を次のように拡張した法則が提案されている．

$$f_r = \frac{c}{r^a} \qquad (r = 1, 2, 3, \ldots, n)$$
$$f_r = \frac{c}{(b+r)^a} \quad (r = 1, 2, 3, \ldots, n)$$

式の中の a, b, c は，データに依存する定数（パラメータ）である．式 $f_r = c/r^a$ を対数変換すると，$\log f_r = \log c - a \log r$ になる．これは，ランクと頻度データを対数変換した線形回帰式 $y = \alpha + \beta x$ である．したがって，

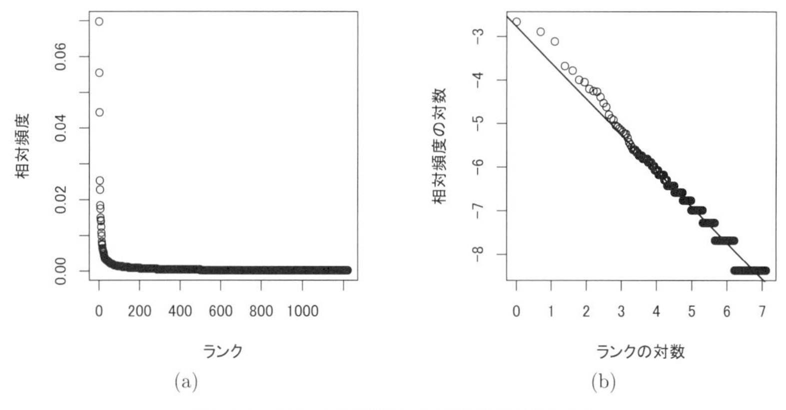

(a)　(b)

図 4.1　ランクと頻度および対数値の散布図

回帰分析の手法で定数を求めることが可能である．

式 $f_r = c/(b+r)^a$ は Zipf–Mandelbrot 法則とよばれている (Mandelbrot, 1953)．テキストマイニングの分野では，語・文節を単位として出現頻度順に並べた（ソート）データは，一つの有効な情報になる．

4.2　語彙の豊富さ

テキストを分析する際に，用いられた語彙の豊富さが議論の対象になる場合がある．テキストの中に用いられた総単語数を「延べ語数」とよび，単語の種類を「異なり語数」とよぶ．説明の便利のため，延べ語数を N，異なり語数を V，テキストの中で m 回使用された語数を $V(m,N)$ で示す．m と $V(m,N)$ のデータを頻度スペクトル (frequency spectrum) とよぶ．

福田元首相の所信表明演説文を例とすると，句読点，記号，数詞を除いた延べ語数 N は 3408 語であり，異なり語数 V は 924 語である．その頻度スペクトルデータを表 4.2 に示す．表 4.2 は，たとえば $m = 1$ のときは 1 回使用された語数 $V(m,N) = V(1,928)$ が 541 語であることを意味する．これは形態素解析ソフト ChaSen を用いた結果である．単語の定義によって異なる結果が得られるのはいうまでもない．

表 4.2　福田元首相の所信表明演説文の頻度スペクトル

m	$V(m,N)$	m	$V(m,N)$
1	541	21	1
2	151	23	3
3	64	24	3
4	46	27	1
5	25	28	1
6	15	31	2
7	10	37	1
8	13	50	1
9	10	58	1
10	5	61	2
11	6	72	1
12	5	74	1
13	2	78	1
14	3	151	1
16	1	194	1
17	3	243	1
19	2		

表 4.2 からわかるように N, V, $V(m,N)$ は，相互に次の関係をもっている．

$$V = \sum_{\text{all } m} V(m,N)$$

$$N = \sum_{\text{all } m} mV(m,N)$$

4.2.1　延べ語数と異なり語数を用いた指標

一般的にいえば，テキストの中に異なり語が多いほど語彙が豊富であり，表現が多様であると考えられる．語彙の豊富さを示す最も簡単な指標は，延べ語数 N に対する異なり語数 V の比率 $TTR = \frac{V}{N}$ である．これ

表 4.3　語数とトークン比

	N	V	V/N
安倍	4267	1210	0.2836
福田	3408	924	0.2711

をトークン比 (type-token ratio) とよぶ.

安倍元首相（第一次安倍内閣：`http://www.kantei.go.jp/jp/abespeech/2006/09/29syosin.html`）と福田元首相の所信表明演説文における延べ語数，異なり語数，トークン比を表 4.3 に示す．トークン比で評価すると，所信表明演説文における語彙は，安倍元首相の方が豊富であるといえる.

トークン比以外にも，延べ語数と異なり語数を用いた語彙の豊富さに関する指標が多数提案されている．たとえば,

$$\text{Guiraud(1954) の } R = \frac{V}{\sqrt{N}}$$

$$\text{Herdan(1960) の } C = \frac{\log V}{\log N}$$

$$\text{Somers(1966) の } s = \frac{\log(\log V)}{\log(\log N)}$$

$$\text{Maas(1972) の } a^2 = \frac{\log N - \log V}{\log^2 N}$$

$$\text{Tuldava(1978) の } LN = \frac{1 - V^2}{V^2 \log N}$$

$$\text{Dugast(1978) の } k = \frac{\log V}{\log(\log N)}$$

$$\text{Dugast(1979) の } U = \frac{\log^2 N}{\log N - \log V}$$

等がある．これらの語彙の豊富さを示す指標では，延べ語数と異なり語数のみを用いているが，単語が用いられている回数（頻度スペクトル）を用いた指標も提案されている.

4.2.2 頻度スペクトルを用いた指標

統計学者 Yule は1944年に，K 特性値 (characteristic K) という語彙の豊富さ指標を提案した (Yule, 1944)．ユール (Yule) の K 特性値は，単語の出現頻度がポアソン分布に従うと仮定している．

いま，延べ語数が N，異なり語数が V である文章の中に，m 回出現した単語数を $V(m, N)$ とした場合，ユールの K 特性値は下記の式で定義されている．

$$K = 10^4 \frac{\sum_{\text{all } m} m^2 V(m, N) - N}{N^2}$$

ユールの K 特性値の示す意味をみるため，極端な値で計算してみよう．仮に，100語により構成されたテキストの延べ語数と異なり語数がともに100とする．つまり，すべての単語が1回しか用いられていないとする．すると，ユールの K 特性値は0になる．一方，100語がすべて同じ単語であるとすると，ユールの K 特性値は

$$K = 10^4 \times \frac{100^2 \times 1 - 100}{100^2} = 9900$$

となる．したがって，ユールの K 特性値は，値が小さいほど，語彙が豊富であることを示す指標である．

福田元首相の演説文におけるユールの K 特性値を，表4.2のデータを用いて求める過程を次に示す．

$$\begin{aligned}\sum_{\text{all } m} m^2 V(m, N) &= 1^2 \times 541 + 2^2 \times 151 + \cdots + 194^2 \times 1 + 243^2 \times 1 \\ &= 168876\end{aligned}$$

$$\begin{aligned}K(\text{福田}) &= 10^4 \frac{\sum_{\text{all } m} m^2 V(m, N) - N}{N^2} \\ &= 10^4 \times \frac{168876 - 3408}{3408^2} \\ &= 142.4672\end{aligned}$$

同じく，安倍元首相の所信表明演説文におけるユールの K 特性値を次

に示す.

$$
\begin{aligned}
K(\text{安倍}) &= 10^4 \frac{\sum_{\text{all } m} m^2 V(m,N) - N}{N^2} \\
&= 10^4 \times \frac{259965 - 4267}{4267^2} \\
&= 140.4372
\end{aligned}
$$

$K(\text{安倍}) < K(\text{福田})$ であるので，安倍元首相の所信表明演説文の語彙が，福田元首相の所信表明演説文の語彙より豊富であると判断される．ここでは，両テキストの長さにあまり大きな差がないので直接比較を行っている．

ユールの K 特性値を含む語彙の豊富さの指標は，テキストの長さやデータ構造に依存することに注意してほしい．ユールの K 特性値のほかに，

Simpson(1949) の $D = \sum_{\text{all } m} V(m,N) \dfrac{m}{N} \dfrac{m-1}{N-1}$

Sichel(1975, 1986) の $S = \dfrac{V(2,N)}{V(N)}$

Honoré(1979) の $H = 100 \dfrac{\log N}{1 - \frac{V(1,N)}{V(N)}}$

等がある．

これらの指標は，いずれも文章の量が少ない場合には，安定した値が得られない．また，データ構造にも依存するので，注意が必要である．そこで，著者不明であるテキストの書き手を推定する際には，複数の指標を同時に用いているケースが増えている．本章で紹介した指標以外にも，いくつかの指標がある．その詳細に関する文献としては Baayen(2001) がある．

4.3 語句の重み

情報検索，コーパス分析，文章の自動要約等を行うとき，しばしば語句

（あるいは項目）の重要度を示す重みが必要な場合がある．重みの値が大きいほど，その語句が該当するテキストのキーワードになることを意味する．語句の重みに関する指標は多く提案されている．その中でよく用いられている指標をいくつか紹介する．

4.3.1 ブーリアン重み付け

ブーリアン重み付け (Boolean weighting) は，最も簡単な重み付けの方法である．ブーリアン重み付けは，テキスト i において語句 j が現れた頻度 tf_{ij} (term frequency) が 0 であれば 0，そうでなければ 1 にし，2 値データで示す非常に粗い方法であるので，特別なケース以外にはあまり用いられていない．

$$w_{ij} = \begin{cases} 1 & tf_{ij} > 0 \\ 0 & tf_{ij} = 0 \end{cases}$$

4.3.2 頻度重み付け

頻度重み付け (frequency weighting) は，テキスト i において語句 j が現れた頻度 tf_{ij} を語句の重みとして用いる方法である．出現頻度は，テキストの長さに依存するため，長さが異なる複数のテキストについて比較分析する際には工夫が必要である．最も簡単な工夫の方法としては，テキストの長さで調整を行った相対頻度 rtf_{ij} (relative term frequency) を用いることである．

$$w_{ij} = \begin{cases} tf_{ij} & \text{テキストの長さがほぼ一致する場合} \\ rtf_{ij} & \text{テキストの長さが一致しない場合} \end{cases}$$

tf_{ij} を次のように対数変換して用いる場合もあり，対数ローカル重み (log local weight) とよばれる．

$$w_{ij} = \log(1 + tf_{ij})$$

4.3.3 TF-IDF 重み付け

TF(term frequency) は，テキストにおける語句 t の頻度であり，IDF (inverted document frequency) は，語句 t が検索対象の中，どのくらいのテキストに現れているかに関する度合である．最もシンプルな IDF は次の式で定義される．

$$\mathrm{IDF} = \log \frac{N}{df}$$

式の中の df は，語句 t を含むテキストの数，N はテキストの総数である．IDF は，語句が多くのテキスト中に現れる場合には小さくなり，特定のテキストにしか現れない場合には大きくなる．

この二つの度合を組み合わせた指標が TF-IDF である．最もシンプルな TF-IDF は次の式で定義されている．

$$\text{TF-IDF} = tf_{ij} \times \log \frac{N}{df_j}$$

この値が大きいほど，その語句の重要度が増すことになる．式の中の tf_{ij} は，テキスト d_i における語句 t_j が現れた度数，df_j は語句 t_j を含んだテキストの数である．

たとえば，語句のベクトルが {国民，生活，安心，安全} である場合，5 つのテキスト $(d_1, d_2, \ldots, d_5)$ に現れている語句の度数が表 4.4 のとおりであるとする．

テキスト d_1 における語句「国民」の重みを考えてみよう．ここでは $N = 5$，$tf = 1$，$df = 2$ であるので $\text{TF-IDF} = 1 \times \log \frac{5}{2} = 0.9163$ となる．ここでは対数の底を e とした自然対数を用いた．表 4.4 のデータについて，このように計算した TF-IDF を表 4.5 に示す．

上記のように TF-IDF を計算するとき，対数計算ができない場合がある．そこで，次のように工夫して用いる場合がある．

$$w_{ij} = \log(tf_{ij} + 1) \times \log \frac{N}{df_j}$$

上記の TF-IDF 重み付け (TF-IDF weighting) は，テキストの長さの影響を考慮していない．同じ TF 値であっても，テキストの長短によって

表 4.4 検索語の行列

	国民	生活	安心	安全
d_1	1	0	2	1
d_2	3	2	1	0
d_3	0	1	0	2
d_4	0	3	2	1
d_5	0	2	3	0

表 4.5 検索語の TF-IDF 行列

	国民	生活	安心	安全
d_1	0.9163	0	0.4463	0.5108
d_2	2.7489	0.4463	0.2231	0
d_3	0	0.2231	0	1.0217
d_4	0	0.6694	0.4463	0.5108
d_5	0	0.4463	0.6694	0

その TF に対する重みが異なるはずである．テキストの長さの影響を和らげるため，標準化した TFC 重みとよばれている指標が提案されている．

$$w_{ij} = \frac{tf_{ij} \times \log \frac{N}{df_j}}{\sqrt{\sum_{j=1}^{N} tf_{ij} \times \log \frac{N}{df_j}}}$$

さらに次のように工夫されている ITC 重みがある．

$$w_{ij} = \frac{\log(tf_{ij}+1) \times \log \frac{N}{df_j}}{\sqrt{\sum_{j=1}^{N} \left[\log(tf_{ij}+1) \times \log \frac{N}{df_j}\right]^2}}$$

4.3.4 エントロピー重み付け

エントロピー重み付け (entropy weighting) は，TF-IDF のシャノンのエントロピーの概念に基づいている．その式を次に示す．

$$w_{ij} = \log(tf_{ij}+1) \left\{1 + \frac{1}{\log N} \sum_{i=1}^{N} \left[\frac{tf_{ij}}{df_j} \log \frac{tf_{ij}}{df_j}\right]\right\}$$

4.3.5 相互情報量による共起頻度の重み付け

上記で説明した重み付けは１つの語句についてのあるテキスト中における重みである．テキストマイニングを行うときには２つの語句が同時に現れるデータを分析する場合がある．そのときの重みとしては相互情報量がよく用いられている．まず，情報量について簡単に説明する．

(1) シャノンのエントロピー

記号列における平均統計量として，シャノン (Shannon) のエントロピーがある．確率変数 $\mathbf{x} = \{x_1, x_2, \ldots, x_i, \ldots, x_n\}$ における x_i の確率を $p(x_i)$ で示すと，式

$$H(\mathbf{x}) = -\sum_{i=1}^{n} p(x_i) \log p(x_i)$$

により定義される量をシャノンのエントロピー (entropy)，あるいは情報量とよぶ．単位はビット (bit) である．ここで $p(x_i)$ は $\sum_{i=1}^{n} p(x_i) = 1$ を満たす．また，対数の底には 2 が多く用いられている．$H(\mathbf{x})$ は次の性質をもっている．

$$0 \leq H(\mathbf{x}) \leq \log n$$

x_i がテキストにおける記号であるとすると，$H(\mathbf{x})$ は 1 記号当たりのばらつきに関する情報量である．

英語のアルファベット 26 文字が，均一に 1/26 の確率で使用されていると仮定した場合のシャノンのエントロピーは $H = 4.70$ ビットである．Shannon が 1950 年代初めの頃に行ったアルファベットに関する統計分析では，1 文字当たりのエントロピーは約 4.14 ビットであった．エントロピーが小さいほどデータのばらつきが大きい．

中国語の漢字をアルファベットで表記する方法をピンイン (pinyin) とよぶ．ピンインには，26 種類のアルファベットが用いられている．そのエントロピーは約 4.11 ビットであり，英語より若干低い．これは，中国語のアルファベットの使用は英語より偏っていることを意味する．次に述べる結合エントロピーを比較するとその差はもっと明らかである．シャノンのエントロピーは，異なる言語，テキストの比較分析に多く用いられている．

(2) 結合エントロピー

説明のため，2 つの確率変数を $\mathbf{x}, \mathbf{y}$ で表し，x_i, y_k が同時に現れる確率

が $p(x_i, y_k)$ であるとき，

$$H(\mathbf{x}, \mathbf{y}) = -\sum_i \sum_k p(x_i, y_k) \log p(x_i, y_k)$$

を結合エントロピー (joint entropy) とよぶ．結合エントロピーは，次の性質をもっている．

$$H(\mathbf{x}, \mathbf{y}) \leq H(\mathbf{x}) + H(\mathbf{y})$$

文字，単語等を要素とした n-gram ($n > 1$) の統計情報を比較分析するときに，結合エントロピー等が用いられている．

(3) 条件付きエントロピー

条件付き確率に対応するエントロピーを，条件付きエントロピー (conditional entropy) とよび，次の式で定義されている．

$$\begin{aligned} H(\mathbf{y}|\mathbf{x}) &= -\sum_i \sum_k p(x_i) p(y_k|x_i) \log p(y_k|x_i) \\ &= -\sum_i \sum_k p(x_i, y_k) \log p(y_k|x_i) \end{aligned}$$

条件付きエントロピーは次の性質をもっている．

$$\begin{aligned} H(\mathbf{x}, \mathbf{y}) &= H(\mathbf{y}) + H(\mathbf{x}|\mathbf{y}) \\ &= H(\mathbf{x}) + H(\mathbf{y}|\mathbf{x}) \end{aligned}$$

(4) カルバックライブラーダイバージェンス

2 つの確率ベクトル間の距離を表す尺度として相対エントロピーがある．確率変数 $\mathbf{x}$ に関する 2 つの確率ベクトル $\mathbf{p}, \mathbf{q}$ が与えられたとき

$$\mathrm{KLD}(\mathbf{p}||\mathbf{q}) = \sum_i p(x_i) \log \frac{p(x_i)}{q(x_i)}$$

を相対エントロピー，あるいはカルバックライブラーダイバージェンス (KLD: Kullback–Leibler divergence)，あるいはカルバックライブラー情

表 4.6 3つの確率分布

	x_1	x_2	合計
$\mathbf{p}$	0.6	0.4	1
$\mathbf{q}$	0.5	0.5	1
$\mathbf{z}$	0.7	0.3	1

報量とよぶ．式では対数演算が行われているので，$0 \log(0/x) = 0$, $x \log(x/0) = \infty$ のような条件が必要である．KLD は次の性質をもっている．

$$\mathrm{KLD}(\mathbf{p}||\mathbf{q}) \geq 0$$

$$\mathrm{KLD}(\mathbf{p}||\mathbf{q}) = 0 \Leftrightarrow \mathbf{p} = \mathbf{q}$$

また，KLD は一般的には非対称である．

$$\mathrm{KLD}(\mathbf{p}||\mathbf{q}) \neq \mathrm{KLD}(\mathbf{q}||\mathbf{p})$$

KLD は，ユークリッド距離で測定できない情報を得ることができる．たとえば，表 4.6 のようなデータがあるとする．

広く用いられているユークリッド距離 (ED: Euclidian distance) は，次の式で定義されている．

$$\mathrm{ED}(\mathbf{p}, \mathbf{q}) = \|\mathbf{p} - \mathbf{q}\| = \sqrt{\sum_i (p(x_i) - q(x_i))^2}$$

表 4.6 の $\mathbf{p}$ と $\mathbf{q}$，および，$\mathbf{p}$ と $\mathbf{z}$ とのユークリッド距離は同じである．

$$\mathrm{ED}(\mathbf{p}, \mathbf{q}) = \sqrt{(0.6 - 0.5)^2 + (0.4 - 0.5)^2} = 0.1414$$

$$\mathrm{ED}(\mathbf{p}, \mathbf{z}) = \sqrt{(0.6 - 0.7)^2 + (0.4 - 0.3)^2} = 0.1414$$

しかし，KLD で計算すると結果は異なる．次の計算式では自然対数を用いた．

$$\mathrm{KLD}(\mathbf{p}||\mathbf{q}) = 0.6\log\frac{0.6}{0.5} + 0.4\log\frac{0.4}{0.5} = 0.0201$$
$$\mathrm{KLD}(\mathbf{p}||\mathbf{z}) = 0.6\log\frac{0.6}{0.7} + 0.4\log\frac{0.4}{0.3} = 0.0226$$

(5) 相互情報量

2 つの確率変数 $\mathbf{x}, \mathbf{y}$ の間の相互情報量 (mutual information) は，次の式で定義されている．

$$\begin{aligned} I(\mathbf{x};\mathbf{y}) &= \mathrm{KLD}(\mathbf{p}(x,y)||\mathbf{p}(x)\mathbf{p}(y)) \\ &= \sum_i \sum_k p(x_i, y_k)\log\frac{p(x_i, y_k)}{p(x_i)p(y_k)} \end{aligned}$$

相互情報量は，対称性をもっている．

$$I(\mathbf{x};\mathbf{y}) = I(\mathbf{y};\mathbf{x})$$

相互情報量とそれぞれのエントロピーとの関係を次に示す．

$$\begin{aligned} I(\mathbf{x};\mathbf{y}) &= H(\mathbf{x}) - H(\mathbf{x}|\mathbf{y}) \\ &= H(\mathbf{y}) - H(\mathbf{y}|\mathbf{x}) \\ &= H(\mathbf{x}) + H(\mathbf{y}) - H(\mathbf{x},\mathbf{y}) \end{aligned}$$

2 要素の相互情報量は次の式で定義される．

$$I(x_i, y_k) = \log\frac{p(x_i, y_k)}{p(x_i)p(y_k)}$$

これは，テキストにおける 2 つの要素の共起の重要度の計算に多く用いられている．たとえば，総単語 1 万語のテキストにおける単語の使用頻度と単語間の共起頻度が表 4.7 のとおりであるとする．

表 4.7 の語 1 と語 2 の共起頻度は，すべて同じである．このようなデータにおける，共起の重要度の一つの指標は，2 要素の相互情報量である．「自然」と「言語」の相互情報量は次のように求める．この式の中の対数は自然対数を用いている．

表 4.7　共起頻度と相互情報量

語 1	度数	語 2	度数	共起頻度	$I(x_i, y_k)$
自然	120	言語	24	20	4.241
環境	80	共存	28	20	4.492
情報	60	知識	75	20	3.794
生活	55	環境	80	20	3.817
水準	20	低下	42	20	5.473

$$
\begin{aligned}
I(\text{自然言語}) &= \log \frac{20/10000}{(120/10000)(24/10000)} \\
&= 4.241
\end{aligned}
$$

相互情報量の値が最も高いのは，「水準」と「低下」である．相互情報量の値が大きいほど，両要素の出現頻度の差が小さい条件の下で多く組み合わせて使用されていることを意味する．

4.4　特徴語句の抽出

前節の語句の重み付けは，特徴語句抽出の一つの方法である．すでに説明したとおり，重みの値が大きい語句がそのテキストの特徴語句である．テキストに現れている頻度情報を用いて，特徴語句を抽出する方法は多く提案されており，大きく外的基準ありと外的基準なしの方法がある．前節で説明している TF-IDF は外的基準なしの方法に相当する．

(1)　外的基準なし（TF-IDF，カイ二乗統計量，行列の分解等）

(2)　外的基準あり（Gini 係数，分類器等）

4.4.1　カイ二乗統計量

カイ二乗統計量は，統計学における二元分割表の独立性検定に用いる統計量である．表 4.8 に二元分割表の一般形式を示す．

表 4.8 二元分割表の一般形式と周辺度数

	b_1	b_2	$\cdots$	b_j	$\cdots$	b_c	横計
a_1	n_{11}	n_{12}	$\cdots$	n_{1j}	$\cdots$	n_{1c}	n_{1+}
a_2	n_{21}	n_{22}	$\cdots$	n_{2j}	$\cdots$	n_{2c}	n_{2+}
$\vdots$	$\vdots$	$\vdots$	$\ddots$	$\vdots$	$\ddots$		
a_i	n_{i1}	n_{i2}	$\cdots$	n_{ij}	$\cdots$	n_{ic}	n_{i+}
$\vdots$	$\vdots$	$\vdots$	$\ddots$	$\vdots$	$\ddots$		
a_r	n_{r1}	n_{r2}	$\cdots$	n_{rj}	$\cdots$	n_{rc}	n_{r+}
縦計	n_{+1}	n_{+2}	$\cdots$	n_{+j}	$\cdots$	n_{+c}	n_{++}

二元分割表の分析に用いる統計量の中で最も広く知られているのはピアソンのカイ二乗統計量 (Pearson's chi-squared statistics) である．略してカイ二乗統計量とよぶことにする．カイ二乗統計量は次の式で定義されている．

$$\chi^2 = \sum_{i=1}^{r}\sum_{j=1}^{c}\frac{(n_{ij}-e_{ij})^2}{e_{ij}}$$

この式で得られた統計量は近似的に自由度 $(r-1)(c-1)$ のカイ二乗 (χ^2) 分布に従うことが知られている．式の中の n_{ij} は分割表の i 行 j 列セルの度数であり，e_{ij} は i 行 j 列セルの期待度数 (expected frequency) である．

期待度数 e_{ij} は，i 行の和 n_{i+}，j 列の和 n_{+j}，分割表の度数の総合計 n_{++} を用いて次の式で求める．分割表の n_{i+}, n_{+j}, n_{++} を周辺度数とよぶ．

$$e_{ij} = \frac{n_{i+}n_{+j}}{n_{++}}$$

また，次に示す尤度比統計量 (likelihood ratio statistics) を用いるケースも少なくない．ピアソンのカイ二乗統計量と尤度比統計量は類似している．

表 4.9　語句 i に関する二元分割表の一般形式

	d_1	d_2	$\cdots$	d_j	$\cdots$	d_c	横計
語句 i	n_{11}	n_{12}	$\cdots$	n_{1j}	$\cdots$	n_{1c}	n_{1+}
語句 i 以外	n_{21}	n_{22}	$\cdots$	n_{2j}	$\cdots$	n_{2c}	n_{2+}
語句の合計	n_{+1}	n_{+2}	$\cdots$	n_{+j}	$\cdots$	n_{+c}	n_{++}

$$G^2 = 2\sum_{i=1}^{r}\sum_{j=1}^{c} n_{ij} \log \frac{n_{ij}}{e_{ij}}$$

尤度比統計量 G^2 は，ピアソンのカイ二乗統計量と同じく近似的に自由度 $(r-1)(c-1)$ のカイ二乗分布に従う．

一般的に，分割表の期待度数が 5 以下のセルが，全セルの 25% 以上であるときには，カイ二乗検定は不適切であると指摘されている．そこで，Fisher は，超幾何分布を用いて，2×2 の分割表の検定の統計量を導出した．

$$p(n_{11}) = \frac{{}_{n_{1+}}\mathrm{C}_{n_{11}} \times {}_{n_{2+}}\mathrm{C}_{n_{21}}}{{}_{n_{++}}\mathrm{C}_{n_{+1}}} = \frac{n_{1+}!n_{2+}!n_{+1}!n_{+2}!}{n_{11}!n_{12}!n_{21}!n_{22}!n_{++}}$$

2×2 の分割表においては，周辺度数が固定されたとき，1 つのセルの値が決まれば，その他の 3 つのセルの値は確定される．このように求めた $p(x)$ $(x = 0, 1, 2, \ldots, n_{1+})$ 値を用いた検定をフィッシャーの正確確率検定 (Fisher's exact test) とよぶ．

カイ二乗統計量やフィッシャーの正確確率による特徴語句の抽出は，テキストの数があまり多くなく，テキストごとの特徴語句を見つけ出すことを目的とした場合に用いる．テキストの数が多くなると実用的ではない．

テキスト $d_1, d_2, \ldots, d_c$ における語句 i の出現頻度とそれ以外の語句頻度をまとめた表の一般形式を表 4.9 に示す．テキストの特徴語句抽出では，二元分割表 4.9 のカイ二乗統計量や尤度比統計量を求め，値が最も大きい語句を第 1 候補とする方法が広く用いられている．このような方法では，テキストの数 c があまり大きくないケースに限定されている．一般的には 1 桁の場合が多い．

テキストの数が多いときには，得られたデータ表を行列とみなし，直接

求め，用いたデータの固有値と比較して，乱数データより明らかに大きい固有値まで用いる方法である．

しかし，テキストアナリシスの分野では一般的には変数の数が非常に大きく，これらの基準によると2桁の主成分を用いなければならない場合が少なくない．これは現実的ではないので，上位2つまたは3つの主成分を用いる場合が多い．固有ベクトルに，固有値の正の平方根を乗じて得られたベクトルを主成分負荷量とよぶ．主成分分析のソフトによって，固有ベクトルを返すものと主成分負荷量を返すものがある．

5.3.2 主成分得点

固有ベクトルは，データ行列の列のスコアである．データ行列の行のスコアを主成分得点とよぶ．主成分得点は，行のデータと固有ベクトルあるいは主成分負荷量との線形結合である．その関係を第1固有ベクトルと i 行のデータを用いた例で示す．次の z_{i1} が第 i 番目の行（個体）の第1主成分得点である．

第1固有ベクトル（主成分）：$a_1, a_2, \ldots, a_m$
第 i 行のデータ：$x_{i1}, x_{i2}, \ldots, x_{im}$
第 i 行の第1主成分得点：$z_{i1} = a_1 x_{i1} + a_2 x_{i2} + \cdots + a_m x_{im}$

5.3.3 主成分分析の例

例を用いて説明するため，11人の大学生が三つのテーマ（友達，車，和食）について書いた作文データを用いることにする．文章の長さは平均約1000文字である．これらの33編の作文を形態素解析し，文章中の一般名詞のみを抽出して用いることにする．次節で説明する方法と比較することを念頭に置き，本章ではすべてこのデータセットを用いることにする．データの一部分を表5.2に示す．表5.2の変数は列の合計の降順にソートされている．

テキストからデータを集計するときにターゲットにしているすべての語句を集計すると変数の数が多くなり，列の合計が少なくなる部分はスパー

表 5.2　作文から抽出した名詞のデータセット（33 行 ×32 列）

	人	友達	車	自分	事故	⋯	相手	OTHERS
akke2	8	20	0	3	0	⋯	0	60
akke5	0	0	3	2	3	⋯	0	32
akke9	2	0	0	1	0	⋯	0	32
ataka2	11	13	0	2	0	⋯	0	38
ataka5	4	0	6	2	10	⋯	0	48
⋮	⋮	⋮	⋮	⋮	⋮	⋮	⋮	⋮

ス（疎）になる．スパースをコントロールする方法としては，列合計の頻度が少ない複数の項目を一つの項目にまとめることが考えられる．ここでは，一つのタイトルの文章が 11 個であるので列の合計が 11 より小さい項目はすべて OTHERS にまとめた．

このようなデータを用いて主成分を行う際，度数データを用いることも考えられるが，文章の長さが同じではない場合は，相対頻度に変換して用いることを薦める．

主成分分析を行う際に，まず決めなければならないのは，データの分散共分散行列を用いるか，それとも相関係数行列を用いるかである．もし，各変数の重みを同じと考えるのであれば相関係数行列を用いるべきであり，各変数の頻度の大小を重みとして考えるのであれば分散共分散行列を用いるべきである．

次に決めなければならないのは，主成分分析結果を解釈するときに第何主成分までを用いるかである．

表 5.2 の OTHERS 項目を取り除いた相関係数行列を用いた主成分分析結果の上位 11 位までの固有値・寄与率・累積寄与率を表 5.3 に示す．表 5.3 を見ると，カイザー基準では第 10 主成分まで分析することになる．しかし実際に分析してみるとわかるが，そこまで分析する意味がない．

図 5.1 に平行分析のプロットを示す．平行分析プロットの印がついた折れ線が用いたデータの固有値であり，点線と破線（ミシン目線）が乱数とリサンプリングにより作成したデータの固有値である．図からわかるよ

表 5.3 主成分の固有値・寄与率・累積寄与率

主成分	固有値	寄与率 (%)	累積寄与率 (%)
comp 1	5.587	18.023	18.023
comp 2	4.428	14.283	32.306
comp 3	2.741	8.841	41.147
comp 4	2.425	7.822	48.969
comp 5	2.194	7.076	56.045
comp 6	1.954	6.304	62.349
comp 7	1.671	5.390	67.740
comp 8	1.401	4.519	72.259
comp 9	1.229	3.965	76.224
comp 10	1.074	3.465	79.689
comp 11	0.958	3.090	82.778

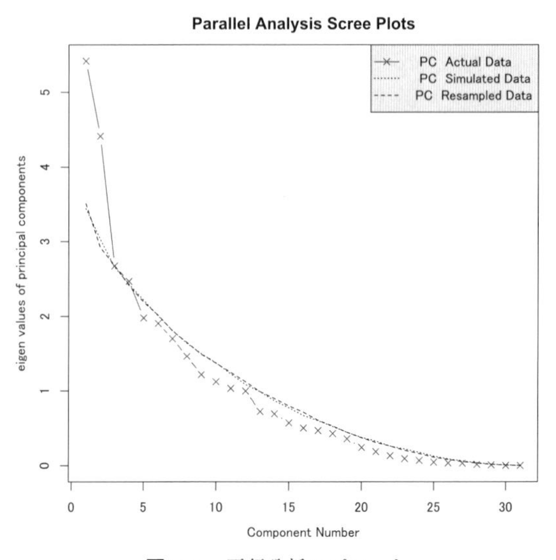

図 5.1 平行分析のプロット

うに，乱数データにも固有値が1より大きいものが少なくない．分析する主成分は，乱数の結果より明らかに大きい固有値に対応するものである．図5.1では二つの固有値が点線と破線の上にある．そこで，第2主成分まで分析することにする．ただし，固有値の変化の傾向からみると，第3主成分にも一定の情報がある可能性がある．

主成分分析では，主成分（固有ベクトル）あるいは主成分負荷量，主成分得点という二つの結果が得られる．仮に二つの成分を用いて分析するのであれば，主成分と主成分得点のそれぞれの散布図を作成して，対応付けながら分析すればよい．第1と第2主成分因子負荷量の散布図と主成分得点の散布図を図5.2に示す．

図5.2(a)は変数の得点であり，語句は概ね三つの方向に並んでいる．第1象限には「日本人」「和食」「ご飯」等の語句が配置されていることから和食に関連する内容，第2象限には「友達」「大学」「親友」等の語句が配置されていることから友達に関する内容，第3と第4象限には「交通」「車」「事故」「スピード」等の語句が配置されていることから車に関する内容であることが読み取られる．

図5.2(b)も図5.2(a)に対応して三つの方向に並んでいる．ラベルの番号が同じであるものが同じ方向に集まっている．図5.2(b)でラベルの末尾が9のテキストは和食に関連する内容であり，末尾が2のテキストは友達に関する内容であり，末尾が5のテキストは車に関する内容であることがわかる．これは，作文のタイトルと一致する．中央にあるテキストは，これらの特徴が顕著ではないテキストである．

最近は，この二つの散布図を重ねて散布図を作成する方法が一般的になっている．その散布図をバイプロット (biplot) とよぶ．図5.3(a)に図5.2(a)(b)を重ねたバイプロット，図5.3(b)に相対頻度の分散共分散行列を用いた第1と第2主成分のバイプロットの結果を示す．

分散共分散行列を用いると個別変数の影響が大きく反映されるのが読み取れる．分析すべき主成分の数が多い場合は，出力された主成分と主成分得点の数値表を用いて分析するか，あるいは上記のように異なる主成分を組み合わせで視覚的に分析する．

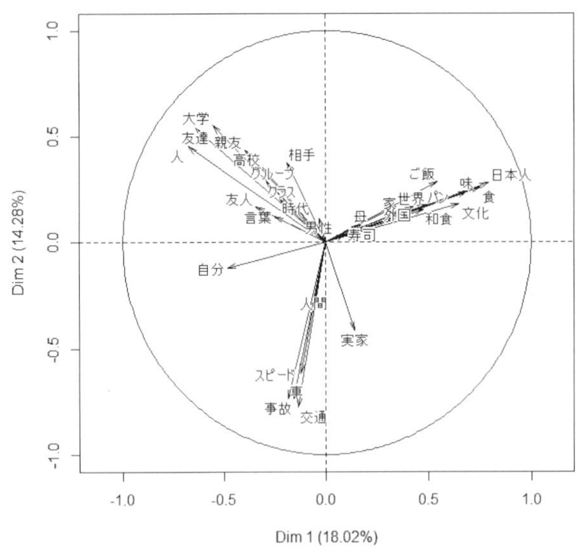

(a)　主成分因子負荷量の散布図

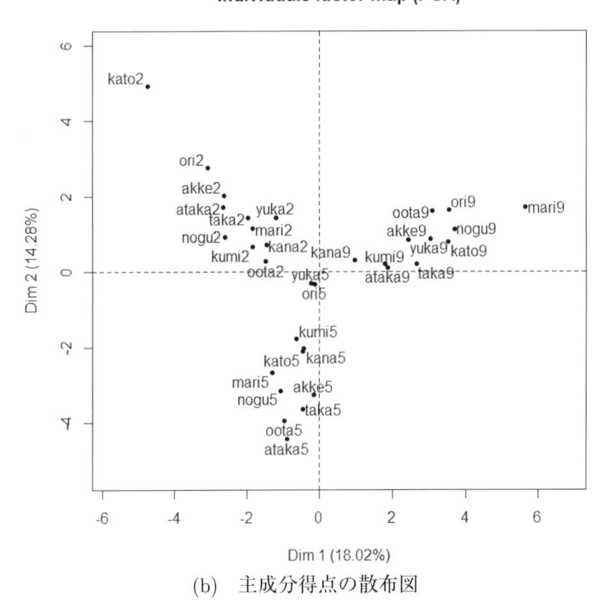

(b)　主成分得点の散布図

図 5.2　作文データの第1と第2主成分の散布図

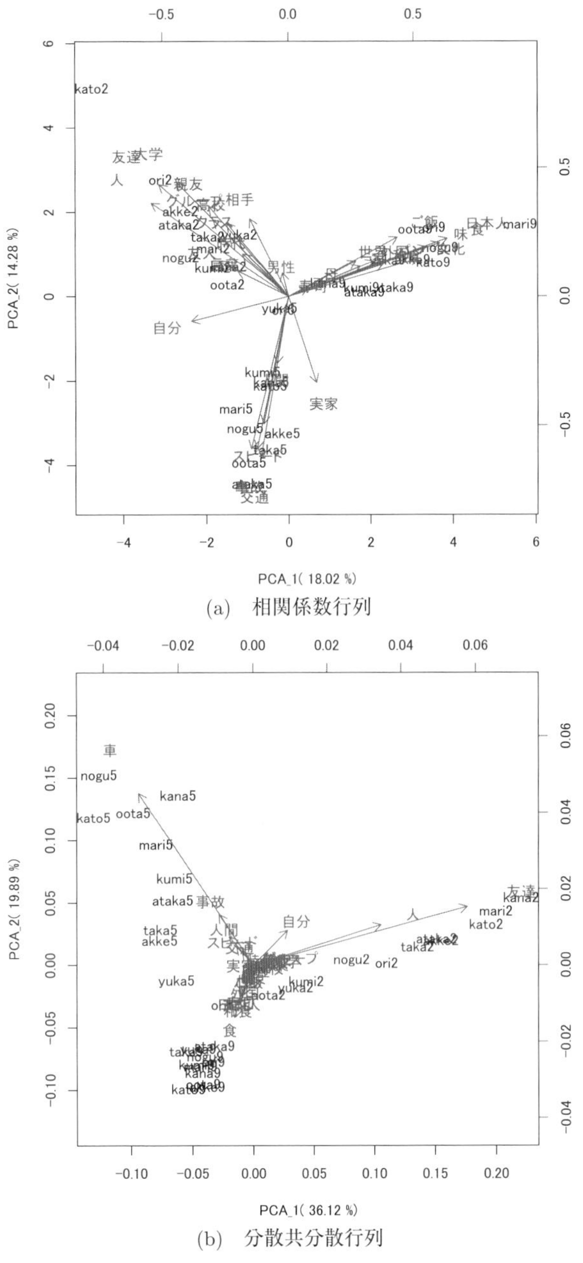

(a) 相関係数行列

(b) 分散共分散行列

図 5.3 主成分分析のバイプロット

●本節の内容に関する R スクリプト

```
> path<-"http://mjin.doshisha.ac.jp/data/sakubun3f.csv"
> sakubun<-read.csv(path,row.names=1)
> sakubun2<-sakubun[,-32]
> install.packages("psych")     #パッケージのインストール
> library(psych)
> fa.parallel(sakubun2,fa="pc")
#サンプリングデータを生成するときには，データによっては正しく生成できない
#場合がある．そのときにはシミュレーションの結果を目安とした方がよい．
> install.packages("FactoMineR")      #パッケージのインストール
> library(FactoMineR)
> pca<-PCA(sakubun2)
> round(pca$eig,3)                    #固有値等を返す．
> ki<-round(pca$eig[1:2,2],2)         #寄与率を ki に保存する．
> biplot(pca$ind$coord,pca$var$coord,
         xlab=paste("PCA_1(",ki[1],"%)"),
         ylab=paste("PCA_2(",ki[2],"%)"))
> X<-sakubun/apply(sakubun,1,sum) #相対頻度を求める
#分散共分散行列を用いた主成分分析を行う．
> pca<-PCA(X[,-32],scale.unit = FALSE)
> ki<-round(pca$eig[1:2,2],2)
> biplot(pca$ind$coord,pca$var$coord,
         xlab=paste("PCA_1(",ki[1],"%)"),
         ylab=paste("PCA_2(",ki[2],"%)"))
```

5.4 対応分析

テキストアナリシスでは，主成分分析と並んで対応分析が多く用いられている．対応分析 (correspondence analysis) は，フランスの Benzécri によって 1960 年代に提唱され，1970 年代から普及し始めたカテゴリカルデータの解析方法で，コレスポンデンス分析ともよばれている．

類似の方法としては，1950 年代に林知己夫氏によって提案された数量化Ⅲ類，1980 年代に西里静彦氏によって提案された双対尺度法 (dual scaling) 等がある．これらの方法のアルゴリズムの中核には大きな差がな

い．

対応分析は，データの形式によって，そのアルゴリズムと名称が異なる．通常，対応分析とよばれているのは，データが表 5.1 のような度数データに適した方法である．データがカテゴリカルデータに適する方法は多重対応分析とよばれている．

5.4.1 固有値分解と対応分析

対応分析では，表 5.1 のような度数データ行列 $F = [n_{ij}]$ のカイ二乗統計量を出発点とする．カイ二乗統計量の各セルの値の正の平方根を次に示す．

$$\chi_{ij} = \sqrt{n_{++}}\frac{n_{ij} - n_{i+}n_{+j}/n_{++}}{\sqrt{n_{i+}n_{+j}}} = \sqrt{n}\frac{p_{ij} - p_{i+}p_{+j}}{\sqrt{p_{i+}p_{+j}}}$$

式の中の n_{i+} は i 行の合計，n_{+j} は j 列の合計であり，n_{++} はデータの総度数である．p_{ij} は総度数を基準とした相対度数であり，p_{+j} は $P = [p_{ij}]$ における j 列の合計，p_{i+} は i 行の合計である．

対応分析は，表 5.1 のデータ F，あるいは相対度数に変換した P を次のように変換した $Z = [z_{ij}]$ を用いる．

$$z_{ij} = \frac{n_{ij} - n_{i+}n_{+j}/n_{++}}{\sqrt{n_{+i}n_{+j}}} = \frac{p_{ij} - p_{i+}p_{+j}}{\sqrt{p_{i+}p_{+j}}}$$

対応分析では，データ表の列の効果は $Q = Z^T Z$，行の効果は $Q^T = ZZ^T$ の固有ベクトル U, V をそれぞれ $D_c^{-1/2}U, D_r^{-1/2}V$ のように列と行の重みで調整を行ったスコアを用いる．この D_c は p_{+j} を要素とした対角行列，D_r は p_{i+} を要素とした対角行列である．

5.4.2 対応分析の例

主成分分析に用いた表 5.2 のデータを用いて対応分析を行う．対応分析も固有値分解の手法を用いるため寄与率や累積寄与率の問題がある．分析の方法は主成分と同じである．対応分析を行った行・列のスコアのバイプロットを図 5.4 に示す．一般的に対応分析は主成分分析より，グループを引き分けるように働く．

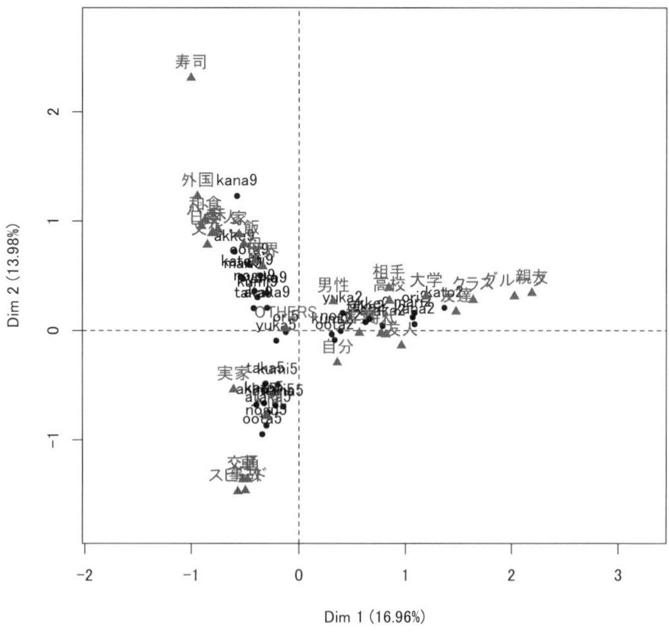

図 **5.4** 対応分析のバイプロット

●本節の内容に関する R スクリプト

```
> install.packages("FactoMineR")      #パッケージのインストール
> library(FactoMineR)
> res<-CA(sakubun)                # 図 5.4 の作成
```

5.5 潜在意味解析

データ行列をそのまま特異値分解する方法として，潜在意味解析 (LSA: latent semantic analysis)，あるいは潜在意味インデキシング (LSI: latent semantic indexing) とよばれている方法がある．潜在意味解析という用語は，テキストアナリティクスの分野で多く用いられ，潜在意味インデキシングという用語は，情報検索の分野で多く用いられている．「意味」とい

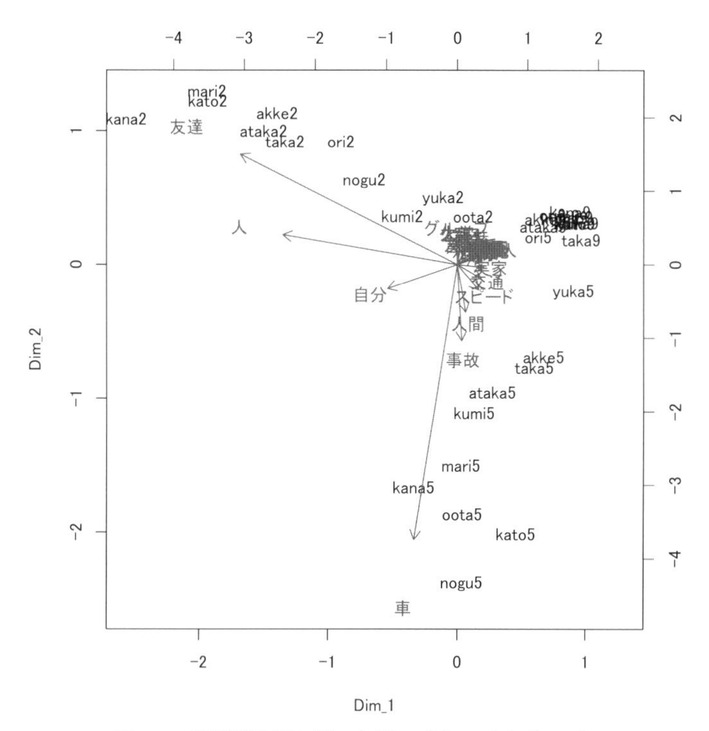

図 5.5 特異値分解の第 1 と第 2 成分のバイプロット

う語が含まれてはいるが，言語の意味情報を用いたテキストアナリシスのことではない．最も単純な潜在意味解析は，収集したデータ行列を直接特異値分解し，テキストと語句の関係を分析する．前節で用いた表 5.2 のデータを特異値分解し，その第 1 と第 2 特異値に対応する成分のバイプロットを図 5.5 に示す．

分析の方法は主成分分析と同じく，テキストの得点と語句の得点を対応しながら分析する．これらの方法は高次元データを低次元に射影する方法であるので，主成分分析の方法と同じく，第何次元まで用いるかがしばしば問題となるが，1〜3 次元を用いるのが一般的である．ただし，数十，数百，数千の変数を用いる場合，2〜3 次元までに高い縮約率を得ることはあまり期待できない．

●本節の内容に関するRスクリプト

```
> sb<- sakubun[,-32]/rowSums(sakubun)
> res<-svd(sb)
> X<-res$u
> rownames(X)<-rownames(sb)
> Y<-res$v
> rownames(Y)<-colnames(sb)
> biplot(scale(X),scale(Y),xlab="Dim_1",ylab="Dim_2")
```

5.6 確率潜在意味解析

前節で説明した潜在意味解析は，特異値分解の手法を用いているため，潜在意味に関する処理ができたとは理解しがたい．そこで確率を導入した方法として潜在意味解析 pLSA(probabilistic latent semantic analysis) が提案されている．

5.6.1 pLSA とは

pLSA は図 5.6 の確率論の枠組みで方法を展開している．文書の集合を $d \in \mathbf{d} = \{d_1, d_2, \ldots, d_M\}$，トピック集合を $z \in \mathbf{z} = \{z_1, z_2, \ldots, z_K\}$，語句集合を $w \in \mathbf{w} = \{w_1, w_2, \ldots, w_N\}$ とする．図 5.6 でわかるように文書におけるある語句が現れる確率は，トピック（内容）が決まった条件下なので，次のような条件付き確率モデルで表すことができる．

$$p(\mathbf{w}|\mathbf{d}) = \sum_{z_i \in \mathbf{z}} p(z_i|\mathbf{d})p(\mathbf{w}|z_i)$$

また，文書が現れた条件でトピックが現れる確率はベイズの定理で表すことができる．

$$p(\mathbf{z}|\mathbf{d}) = \frac{p(\mathbf{z})p(\mathbf{d}|\mathbf{z})}{p(\mathbf{d})}$$

なお，文書と語句が同時に現れる確率モデルは次のようになる．

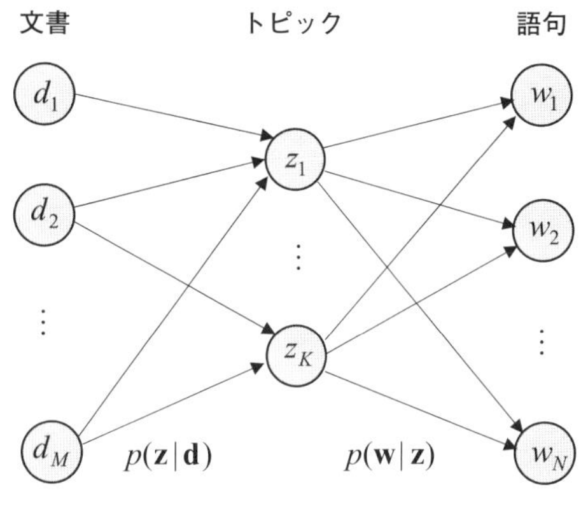

図 5.6　潜在意味構造のイメージ

$$
\begin{aligned}
p(\mathbf{d}, \mathbf{w}) &= p(\mathbf{d})p(\mathbf{w}|\mathbf{d}) \\
&= p(\mathbf{d}) \sum_{z_i \in \mathbf{z}} \frac{p(z_i)p(\mathbf{d}|z_i)}{p(\mathbf{d})} p(\mathbf{w}|z_i) \\
&= \sum_{z_i \in \mathbf{z}} p(z_i)p(\mathbf{w}|z_i)p(\mathbf{d}|z_i)
\end{aligned}
$$

ここで求めなければならないのは $p(\mathbf{z})$, $p(\mathbf{w}|\mathbf{z})$, $p(\mathbf{d}|\mathbf{z})$ である．pLSA では，すべての i, j, l において $\hat{U} = p(d_i|z_j)$, $\hat{V}^T = p(w_l|z_j)$, $\hat{\Sigma} = \mathrm{diag}[p(z_j)]$ とみなして特異値分解を行うことを前提としている．しかし，トピックは潜在的であり，直接求めることは不可能であるため，潜在パラメータを用いた推定アルゴリズムを用いる．最も多く用いられているのは EM アルゴリズムである（高橋・渡辺, 2017）．EM アルゴリズムを用いてパラメータを推定するための最低限の条件として，トピックの数を指定することが必要である．

pLSA の分析の結果は，主に二つになる．一つは個体が各トピックに属する確率，もう一つは変数（この例では語句）が各トピックに属する確率である．

5.6.2　pLSA の分析例

主成分分析等で用いた表 5.2 の三つのテーマで書いた作文データについ

て，トピックの数を3にした結果の一部分を次に示す．

個体の結果は，以下のような形式になる．数値はトピックに属する確率である．文書 akke2 は Topic1 に属し，yuka2 も Topic1 に属する．

	Topic1	Topic2	Topic3
akke2	1.000	0.000	0.000
akke5	0.000	0.000	1.000
akke9	0.000	1.000	0.000
⋮			
yuka2	0.550	0.407	0.043
yuka5	0.191	0.820	0.809
yuka9	0.000	1.000	0.000

変数（語句）に対する推定値を次に示す．ここの語句の確率は各トピック内における確率である．トピック内のすべての語句の確率の合計は1になる．よってトピック単位で値が大きい順位にソートするとどの変数がトピック内で重要であるかがわかる．

	Topic1	Topic2	Topic3
人	0.235	0.048	0.082
友達	0.316	0.000	0.000
車	0.000	0.000	0.042
⋮			
味	0.000	0.038	0.000
母	0.000	0.038	0.000
相手	0.014	0.011	0.006

トピック内における語句の確率は棒グラフ等で視覚的に考察することができる．トピックの数および語句の数がそれほど多くない場合は，図5.7のようなバブルグラフや図5.8のようなワードクラウドグラフで表すことも一つの方法である．

この結果をどのように視覚化するかに関しては，分析者のアイディア次第である．文書のトピックの推定値を樹形図に示し，トピックごとの語句の推定値を棒グラフで示したものを図5.9に示す．棒が長い語句が該当の

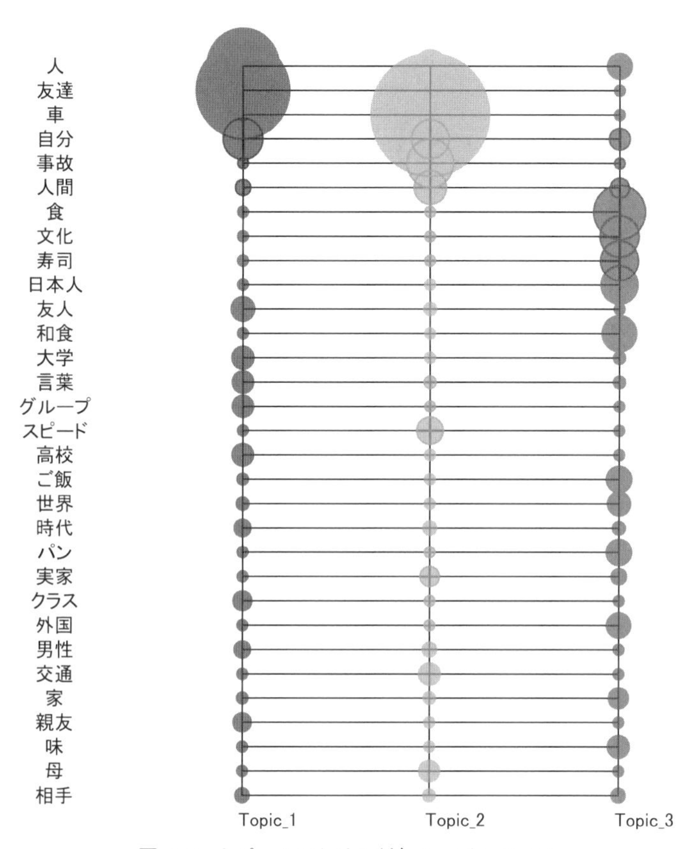

図 5.7　トピックにおける語句のバブルグラフ

トピックをより強く反映する.

トピック 1 は，友達，人，友人，高校等の棒が相対的に長いことから「友達」に関するものである．このトピックに属するテキストは，番号 2 がついている文書 11 個に，番号 5 がついている文書 1 つを加えた 12 個である．

トピック 2 は，食，文化，寿司，日本人，和食の棒が相対的に長いことから「和食」に関するものであると推定する．このトピックに属するテキストには，番号 9 がついている 11 のテキストである．

トピック 3 は，車，事故，スピード，人間等の棒が相対的に長いことから「車」に関するものであると推定することができる．このトピック

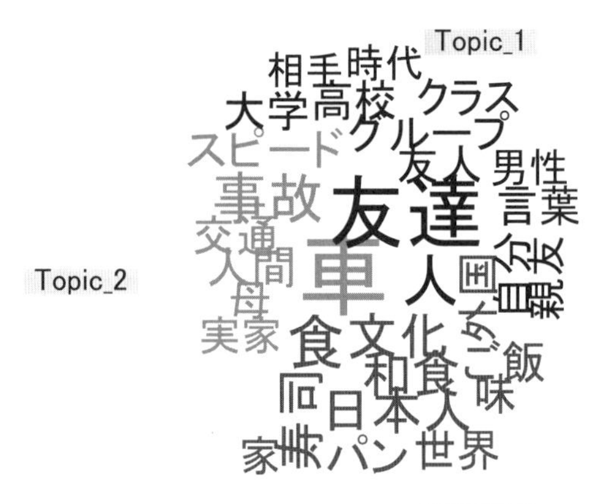

図 5.8 トピックごとの語句のワードクラウド

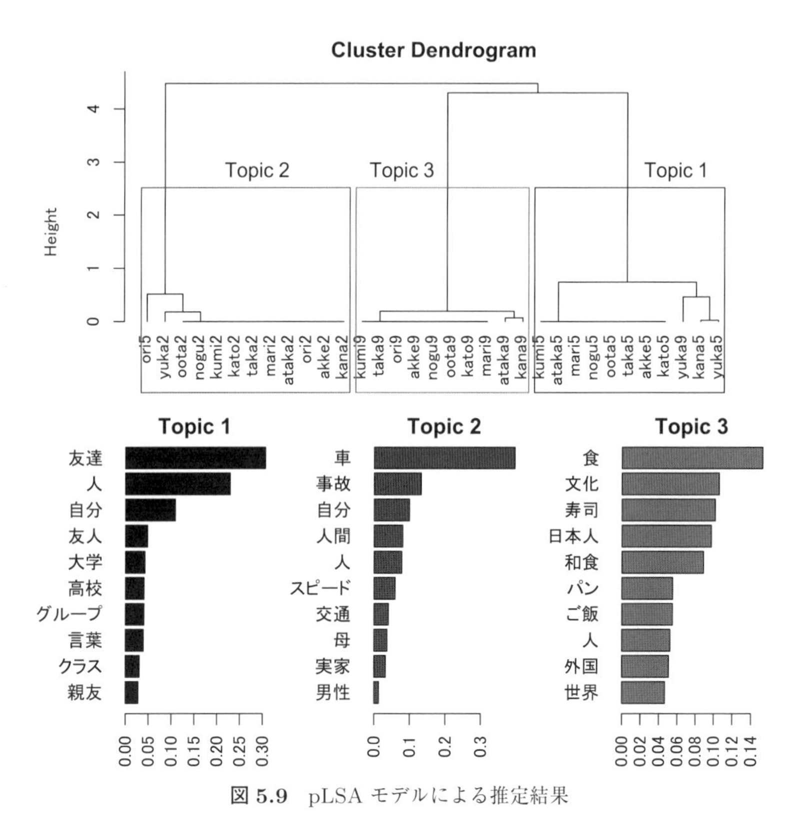

図 5.9 pLSA モデルによる推定結果

に属する文書はラベルに番号5がついている10個である．これらの結果は，作文の内容・トピックを高い精度で推定しているといえる．

●本節の内容に関するRスクリプト

```
> install.packages("svs")      #パッケージのインストール
> library(svs)
#用いるデータは matrix 形式に変換が必要である.
> res <- fast_plsa(as.matrix(sakubun[,-32]),k=3)
> res$prob1       #個体がトピックに属する確率
> res$prob2       #変数がトピック内における確率
#図 5.7 の作成例
> term<-res$prob2
> m<-nrow(term)
> k<-ncol(term)
> colnames(term)<-c("Topic_1","Topic_2","Topic_3")
> par(mar=c(4.2,5,2,2))
> plot(0,0,col="white",ylim=c(-0,m+2),xlim=c(-0,k+1), xlab="",
      ylab="",axes=FALSE)
> for(i in 1:m) lines(x=c(1,k),y=c(i,i),col="gray")
> for(i in 1:k) lines(x=c(i,i),y=c(1,m),col="gray")
> points(col(term),m-row(term)+1,pch=19,
         cex=as.matrix(term*25+1),
         col=rainbow(k,alpha=0.33)[col(term)])
> text((1:k)+0.3,0,colnames(term),adj=c(1,0.5),cex=0.8,las=3)
> text(0,1:m,rownames(term)[m:1],cex=0.8)

#図 5.8 の作成例
> install.packages("wordcloud")      #パッケージのインストール
> library("wordcloud")
> comparison.cloud(term,scale=c(6,2.5),title.size=2)

#図 5.9 の作成例
> x<-res$prob1
> split.screen(figs = c(2,1))  #グラフ画面を二つに分割する
> screen(1)                    #スクリーン 1 にグラフを作成する
> par(mar=c(1,4,2,2))
```

```
> hc<-hclust(dist(x),"ward.D2")
> plot(hc,hang=-1,xlab="",sub="")
> rect.hclust(hc,k=3,border=2:4)
#スクリーン2に三つのグラフを作成する
> split.screen(figs = c(1,3),screen = 2)
> par(mar=c(4,4,1,1))
> screen(3)
> tw1<-as.matrix(res$prob2[,2])
> tw11<-sort(tw1[,1],decreasing=FALSE)
> barplot(tail(tw11,10),las=2,horiz = TRUE,col=2,
          main= paste("Topic",2))
> screen(4)
> par(mar=c(4,4,1,1))
> tw1<-as.matrix(res$prob2[,3])
> tw11<-sort(tw1[,1],decreasing=FALSE)
> barplot(tail(tw11,10),las=2,horiz = TRUE,col=3,
          main= paste("Topic",3))
> screen(5)
> par(mar=c(4,4,1,1))
> tw1<-as.matrix(res$prob2[,1])
> tw11<-sort(tw1[,1],decreasing=FALSE)
> barplot(tail(tw11,10),las=2,horiz = TRUE,col=4,
          main= paste("Topic",1))
```

5.7 トピックモデルLDA

統計学の分野ではLDAは線形判別分析 (linear discriminant analysis) の略語として用いることが多いが，本章でのLDAはトピック分析の一種である潜在ディリクレ分配 (latent Dirichlet allocation) の略語を表している．LDAは，前節で説明したpLSAの出発点とゴールは同じであるが，そのプロセスが異なる．LDAはBleiらによって2003年に提案され，様々なバージョンに拡張されている (Blei et al., 2003)．その総称をトピックモデルとよぶ．

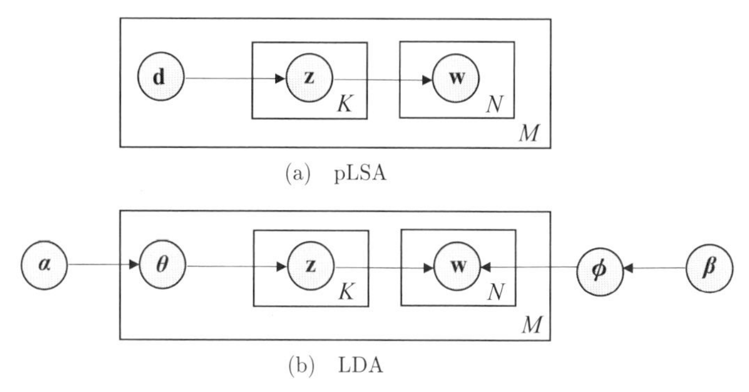

図 5.10　pLSA と LDA のグラフィカルモデル

5.7.1　LDA とは

LDA は，pLSA を発展させたモデルである．図 5.6 に基づいて pLSA をシンプルにグラフに表現すると図 5.10(a) となる．文書 $\mathbf{d}$ と語句 $\mathbf{w}$ はトピック $\mathbf{z}$ を介してモデルを構築している．

$$p(\mathbf{d}, \mathbf{w}) = \sum_{z_i \in \mathbf{z}} p(z_i) p(\mathbf{w}|z_i) p(\mathbf{d}|z_i)$$

LDA は図 5.10(b) に示すように，文書ごとのトピックの出現確率はパラメータ $\boldsymbol{\theta} = (\theta_1, \theta_2, \ldots, \theta_K)$，トピックごとの単語の出現確率はパラメータ $\boldsymbol{\phi}$ によって決められ，$\boldsymbol{\theta}$，$\boldsymbol{\phi}$ はディリクレ分布 (Dirichlet distribution) によって生成されるとしている．

ディリクレ分布によって生成される $\boldsymbol{\theta}$ は $\boldsymbol{\alpha} = (\alpha_1, \alpha_2, \ldots, \alpha_K)$，$\alpha_k > 0$ をパラメータとして次のように定義される．$\Gamma(\alpha_k)$ はガンマ関数 (gamma function) である．ガンマ関数は $\Gamma(n) = (n-1)\Gamma(n-1) = (n-1)!$ になる．

$$p(\boldsymbol{\theta}|\boldsymbol{\alpha}) = Dir(\boldsymbol{\theta}|\boldsymbol{\alpha}) = \frac{\Gamma(\sum_{k=1}^{K} \alpha_k)}{\prod_{k=1}^{K} \Gamma(\alpha_k)} \theta_1^{\alpha_1 - 1} \theta_2^{\alpha_2 - 1} \cdots \theta_K^{\alpha_K - 1}$$

ディリクレ分布の期待値と分散は $\alpha_0 = \sum_{k=1}^{K} \alpha_k$ のとき，次のようになる．

アルゴリズム 5.1　LDA

1: トピック数 $k = 1, 2, 3, \ldots, K$ に対し
  a: 語句分布における $\phi_k \sim Dir(\boldsymbol{\beta})$ のパラメータを推定する．
2: 文書 $d = 1, 2, 3, \ldots, M$ に対し
  b: トピック分布における $\theta_d \sim Dir(\boldsymbol{\alpha})$ のパラメータを推定する．
  c: 語句 $i = 1, 2, 3, \ldots, N$ に対し，多項分布 ($Multi$) を用いて
    i: トピック分布 $z_{d_i} \sim Multi(\theta_d)$ を生成する．
    ii: 語句分布 $w_{d_i} \sim Multi(\phi_k)$ を生成する．

$$E(\theta_k) = \frac{\alpha_k}{\alpha_0},\quad V(\theta_k) = \frac{\alpha_k(\alpha_0 - \alpha_k)}{\alpha_0^2(1 + \alpha_0)}$$

LDA では，まずトピックを独立に生成し，次に各単語をトピックに基づいて生成する．

$$p(\mathbf{z}) = \prod p(z_i)$$
$$p(\mathbf{w}|\mathbf{z}) = \prod p(w_i|z_i)$$
$$p(\mathbf{w}, \mathbf{z}) = p(\mathbf{z})p(\mathbf{w}|\mathbf{z}) = \prod p(z_i)p(w_i|z_i)$$

アルゴリズム 5.1 に LDA のアルゴリズムを示す．

パラメータについて，Blei et al.(2003) は変分ベイズ法，Griffiths and Steyvers(2004) はギブスサンプラー (Gibbs sampler) 法，Teh et al. (2007) や Asuncion et al.(2009) は collapsed 変分ベイズ法を用いて推定している．どの方法がよいかに関しては，データの構造にも依存するので一概にはいえない．計算コストや予測性能等に関する評価について興味をもつ場合は佐藤 (2015, pp.132–135) を参照してほしい．

5.7.2　LDA の分析例

表 5.2 のデータについてギブスサンプラー法によって推定した結果の主な部分を次に示す．出力結果の項目は pLSA と同じく，トピックにおける語句の確率と個体がトピックに属する確率である．この確率の推定に用

いたギブスサンプラー法は乱数を用いるので，プログラムを実行するたびに結果が微妙に異なることがあることに注意してほしい．

トピックにおける語句の確率（上位 8 位）

	人	友達	車	自分	事故	人間	食	文化
1	0.000	0.000	0.000	0.000	0.000	0.000	0.145	0.104
2	0.000	0.000	0.338	0.247	0.113	0.113	0.000	0.000
3	0.352	0.344	0.000	0.000	0.000	0.000	0.003	0.000

語句確率は，トピック内の合計が近似的に 1 になる．よって，語句が非常に多いときには，各語句の確率の値は非常に小さい．上記の結果から「人」，「友達」はトピック 3，「車」，「自分」，「事故」，「人間」はトピック 2，「食」，「文化」はトピック 1 に属することがわかる．

文書 6 編のトピックの推定確率

	Topic1	Topic2	Topic3
akke2	0.226	0.238	0.536
akke5	0.268	0.480	0.253
akke9	0.481	0.259	0.259
ataka2	0.189	0.258	0.553
ataka5	0.221	0.508	0.271
ataka9	0.390	0.347	0.263

文書のトピックの推定確率は，横の合計が近似的に 1 になる．各文書は確率が大きい列のトピックに属する．したがって，akke2 はトピック 3，akke5 はトピック 2，akke9 はトピック 1 に属する．

個体が属するトピックのクラスター樹形図とトピックごとの棒グラフを対応付けたグラフを図 5.11 に示す．図から樹形図の左側のトピック 1 は食，文化，寿司，日本人に関する内容であり，樹形図中央のトピック 3 は友達，友人に関する内容であり，トピック 2 は車，事故等に関する内容であることがわかる．この結果は，pLSA の結果と基本的には同じである．トピックの番号には意味がない．

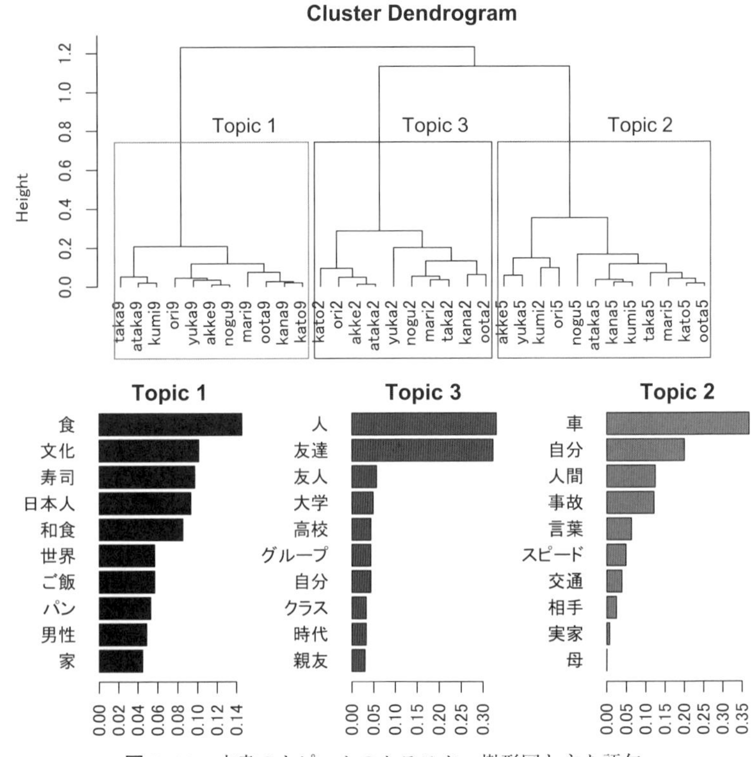

図 5.11 文書のトピックのクラスター樹形図と主な語句

●本項の内容に関する R スクリプト

```
#パッケージのインストール
> install.packages(c("slam","tm","topicmodels"))
> library(slam)
> library(tm)
> library(topicmodels)
> resu<- LDA(sakubun[,-32],method= "Gibbs",k=3)
> topics(resu)      #個体が属するトピック番号を返す
> terms(resu,10)    #トピックにおける上位 10 語を返す
> term<-t(posterior(resu)$term)  #トピック内の語句確率を返す
> topic<-posterior(resu)$topics  #個体がトピックに属する確率を返す
#図 5.11 の作成は，図 5.9 の作成と同様である.
```

5.7.3 トピックモデル

データ分析の方法は，目的変数ありと目的変数なしの方法に大別することができる．機械学習の分野では，目的変数なしを教師なし (unsupervised)，目的変数ありを教師あり (supervised) ともよぶ．以上で説明したLDA は教師なしの最も基本的な方法である．LDA は，2003 年に提案された教師なしの方法から，多くの拡張が行われている．また，テキストアナリティクスの分野から他の分野にも応用されている．トピックモデルは大きく次のように分けられる．

1. 教師なしトピックモデル (unsupervised topic model)
2. 教師ありトピックモデル (supervised topic model)
3. 半教師ありトピックモデル (semi-supervised topic model)
4. 相関構造トピックモデル (relational topic model)
5. ダイナミックトピックモデル (dynamic topic model)

これらの詳細については，佐藤 (2015) 等の専門書に譲る．また，トピックモデル分析をするためにはトピックの数を事前に決めることが必要となるが，トピックの数の決め方に関しても多くの研究が行われている．

5.7.4 トピックの数について

トピックモデルを作成するときに，まず決めなければならないのはトピックの数 k をいくつにするかである．トピックモデルでは Perplexity をモデルの評価指標として用いている．Perplexity はモデルの汎用性能を表す指標である．生成したモデル $\hat{M}$ があり，いくつかの文書から取り出された語句のベクトル $w_{di}^{\text{test}}, (i = 1, 2, \ldots, I; d = 1, 2, \ldots, M)$ に対する対数尤度を

$$l(w^{\text{test}}|\hat{M}) = \sum_{d=1}^{M}\sum_{i=1}^{I} \log[p(w_{di}^{\text{test}}|\hat{M})]$$

とすると，語句に対する Perplexity の指標 $\text{PPL}(w^{\text{test}}|\hat{M})$ は次のように定義される．式の中の N_d は文書 d の中の単語数である．

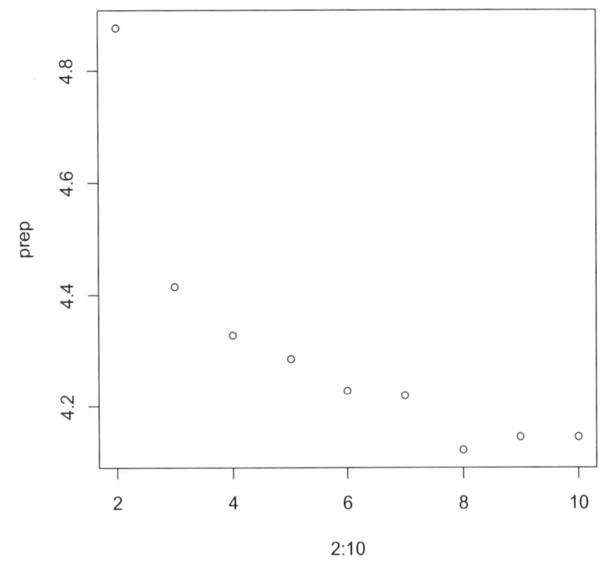

図 5.12　Perplexity のプロット

$$\mathrm{PPL}(w^{\mathrm{test}}|\hat{M}) = \exp\left\{-\frac{l(w^{\mathrm{test}}|\hat{M})}{\sum_{d=1}^{M} N_d}\right\}$$

このPPLの値が低いほどモデルの性能がよいとされている．そこで，この指標を用いてトピックの数 k を求めることが提案されている（佐藤，2015）．しかし，この指標で推定されるトピックの数 k は真のモデルとはいいがたいことが指摘されている (Cao et al., 2009).

例として用いた作文データを用いて $k = 2, 3, 4, \ldots, 10$ についてのモデルを作成し，その Perplexity のプロットを図 5.12 に示す．もし，この指標を用いてトピック数 k を決めるのであれば $k = 8$ になるが，これは実データ $(k = 3)$ から大きく離れている．

Griffiths and Steyvers(2004) は対数尤度を用いてトピック数を決めており，Cao et al.(2009) は，LDA においてトピック構造とトピック間の距離関係を利用した密度に基づいて LDA モデルの適応性を判断する方法を提案した．また，Arun et al.(2010) は，トピックに基づいた対称的な KLD を用いて評価する指標を提案し，Deveaud et al.(2014) は LDA の

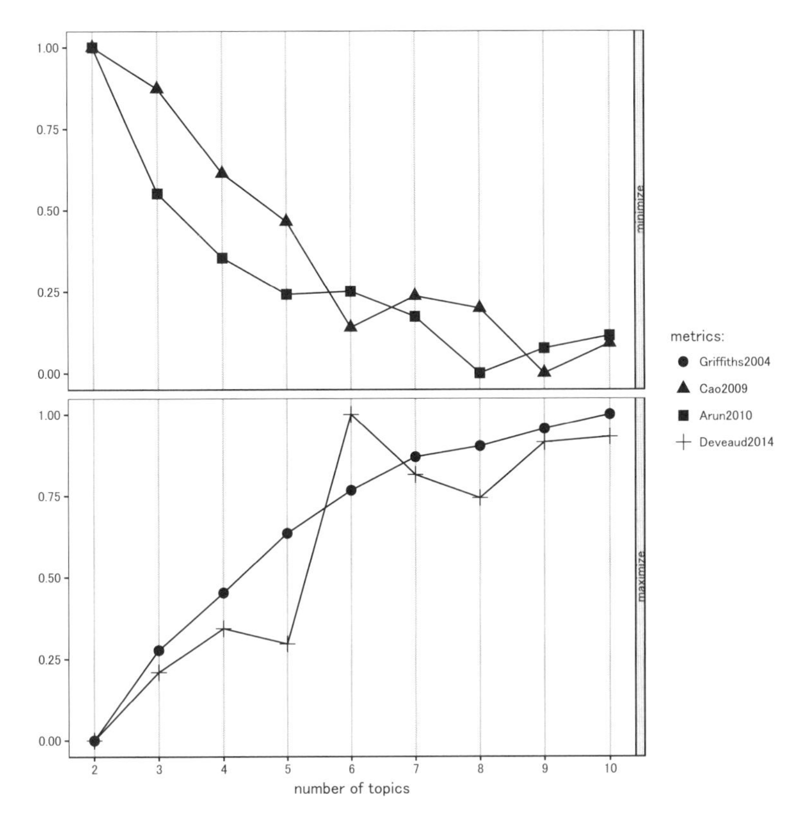

図 5.13 4つのトピック数と指標値

すべてのトピック間の情報のダイバージェンス D を最大にすることによって潜在的なトピックの数を推定する手法を提案した．情報のダイバージェンスの尺度としては，J-S ダイバージェンス (JSD: Jensen-Shannon divergence, 109 ページを参照) を用いた．

この 4 種類の方法で，例に用いた三つのテーマで書かれた作文データについて，ギブスサンプリング法の LDA のトピック数 $(k = 2, 3, \ldots, 10)$ の推定を行った結果を図 5.13 に示す．Cao et al.(2009) と Arun et al.(2010) は値が最小になるグループ数を選び，Griffiths and Steyvers(2004) と Deveaud et al.(2014) は値が最大になるグループ数を選ぶ．返された結果からわかるように，どの方法もトピック数をうまく推定できていない．これは，トピックの中の文書の数が少ないことが一つの原因である可能性が否定できない.

トピック数を求める方法は，さらなる研究が続いている．クラスター分析におけるクラスター数の推定方法もトピック数の推定に参考になるであろう.

● 本項の内容におけるトピック数の推定の R スクリプト

```
> install.packages("ldatuning")        #パッケージのインストール
> library(ldatuning)
> library("topicmodels")
> tun<-FindTopicsNumber(sakubun,topics = 2:15,
                        method = "Gibbs",
                        metrics = c("Griffiths2004", "CaoJuan2009",
                                    "Arun2010", "Deveaud2014"))
> FindTopicsNumber_plot(tun)
```

5.8 NMF 分析

NMF は非負行列因子分解 (non-negative matrix factorization) の略語である．そのために，扱っているデータ行列は非負である制約条件がある．テキストにおける語句を集計したデータは非負行列であるため，NMF を用いるのに適している.

5.8.1 基本アルゴリズム

NMF は得られた非負行列を次のように二つの行列に分解することを前提としている．テキストアナリシスにおける式の中の k は，前節の LDA の場合と同じくトピックの数であり，NMF では因子数とよぶ．U は k 個のトピックにおける個体のスコアであり，V^T は k 個のトピックにおける変数（語句）のスコアになる.

$$X_{n\times p} \approx U_{n\times k} V^T_{k\times p}$$

このような分解は，主成分分析や対応分析のように演繹的に分解することが困難であるため，アルゴリズムによる最適値を推定することになる．アルゴリズムの基本的な考え方は，次のように距離（誤差）を最小化することである．

$$\min[D(X, UV)] = \min\|X - UV\|$$

どのような距離を用いるかによって，アルゴリズムの更新式が異なる．最も基本的な距離としてユークリッド距離，一般化したカルバックライブラーダイバージェンス (KLD) 等が用いられている．説明のため，距離の表現を次のように示す．式の中の d_* は何らかの距離を示す．

$$D(X, UV) = \sum_{i=1}^{n}\sum_{j=1}^{p} d_*(x_{ij}, \mathbf{u}_i\mathbf{v}_j)$$

上記の式の中の d_* を具体化したユークリッド距離 d_{ED}，一般化 KLD 距離 d_{KLD} を次に示す．

$$d_{\mathrm{ED}}(x_{ij}, \mathbf{u}_i\mathbf{v}_j) = (x_{ij} - \mathbf{u}_i\mathbf{v}_j)^2$$
$$d_{\mathrm{KLD}}(x_{ij}, \mathbf{u}_i\mathbf{v}_j) = x_{ij}\log\frac{x_{ij}}{\mathbf{u}_i\mathbf{v}_j} - x_{ij} + \mathbf{u}_i\mathbf{v}_j$$

式の中の $\mathbf{u}_i$ は行列 U の第 i 行のベクトル，$\mathbf{v}_j$ は行列 V の第 j 列のベクトルであり，$\mathbf{u}_i\mathbf{v}_j$ は両ベクトルの内積である．

どの距離を用いるべきであるかに関しては，獲得したデータがどのような確率分布に従うとみなすかにも関連する．正規分布とみなした場合はユークリッド距離，ポアソン分布とみなした場合は一般化した KLD 距離が多く用いられている．これ以外にも I-S ダイバージェンス (Itakura-Saito divergence) 等がある．

$D(X, UV)$ を最小化する NMF アルゴリズムは多く提案されている．本書では最も広く知られている MUR(multiplicative update rules) を用いて基本的なアプローチを説明する．MUR では NMF を最小化するにあたり，距離に合わせて補助関数を導入する．

まず，上記の二つの距離における未知の U, V にかかわる項目のみを残した目的関数を次に示す．

$$F_{\mathrm{ED}}(U,V) = \sum_{i=1}^{n}\sum_{j=1}^{p}[(\mathbf{u}_i\mathbf{v}_j)^2 - 2x_{ij}\mathbf{u}_i\mathbf{v}_j]$$

$$F_{\mathrm{KLD}}(U,V) = \sum_{i=1}^{n}\sum_{j=1}^{p}[\mathbf{u}_i\mathbf{v}_j - x_{ij}\log(\mathbf{u}_i\mathbf{v}_j)]$$

目的関数を最小化するため，補助変数 R を用いる補助関数 $\tilde{F}_*(U,V,R)$ を導入する．$\tilde{F}_*(U,V,R)$ は次の二つの条件を満たすものとする．第二式の右辺は補助変数 R に関して最小化することを示す．

$$F(U,V) \leq \tilde{F}_*(U,V,R), \quad F(U,V) = \min_{R}\tilde{F}_*(U,V,R)$$

補助関数を用いた目的関数の最小化は次のステップで実現する．

(1) R に関して目的関数を最小化する．

(2) U に関して目的関数を最小化する．

(3) V に関して目的関数を最小化する．

NMF はこのように得られた最小化に関する式を繰り返し更新することで最適解を推定する．

ユークリッド距離を用いて，そのプロセスを説明する．補助変数 r_{ijk} が条件 $r_{ijk} > 0$, $\sum_{k=1}^{K} r_{ijk} = 1$ を満たす補助関数を次に示す．式の中の R は r_{ijk} を要素とする配列である．

$$\tilde{F}_{\mathrm{ED}}(U,V,R) = \sum_{i=1}^{n}\sum_{j=1}^{p}\left[\sum_{k=1}^{K}\frac{(u_{ik}v_{kj})^2}{r_{ijk}} - 2x_{ij}\mathbf{u}_i\mathbf{v}_j\right]$$

R に関して最小化するため，未定乗数 λ_{ij} を導入したラグランジュの未定係数式は次となる．

$$L(U,V,R,\Lambda) = \tilde{F}_{\mathrm{ED}}(U,V,R) + \sum_{i=1}^{n}\sum_{j=1}^{p}\lambda_{ij}\left(\sum_{k=1}^{K}r_{ijk} - 1\right)$$

変数 r_{ijk} で偏微分した結果を 0，つまり

$$\frac{\partial L}{\partial r_{ijk}} = \frac{\partial}{\partial r_{ijk}} \left\{ \sum_{i=1}^{n} \sum_{j=1}^{p} \left[\sum_{k=1}^{K} \frac{(u_{ik}v_{kj})^2}{r_{ijk}} - 2x_{ij}\mathbf{u}_i\mathbf{v}_j \right] + \sum_{i=1}^{n} \sum_{j=1}^{p} \lambda_{ij} \left(\sum_{k=1}^{K} r_{ijk} - 1 \right) \right\}$$
$$= -\frac{(u_{ik}v_{kj})^2}{(r_{ijk})^2} + \lambda_{ij} = 0$$

とすると r_{ijk} は

$$r_{ijk} = \frac{u_{ik}v_{kj}}{\sqrt{\lambda_{ijk}}}$$

となる．$\sum_{k=1}^{K} r_{ijk} = 1$ であるので，k に対し合計を求めると $\lambda_{ij} = (\mathbf{u}_i\mathbf{v}_j)^2$ となる．また，$\hat{x}_{ij} = \mathbf{u}_i\mathbf{v}_j$ であるので，この結果をさらに上記の式に代入すると r_{ijk} に関する目的関数の最小化は次のようになる．

$$r_{ijk} = \frac{u_{ik}v_{kj}}{\mathbf{u}_i\mathbf{v}_j} = \frac{u_{ik}v_{kj}}{\hat{x}_{ij}}$$

同じの方法で U, V に関して偏微分した方程式

$$\frac{\partial L}{\partial u_{ik}} = 2u_{ik} \sum_{j=1}^{p} \frac{(v_{kj})^2}{r_{ijk}} - 2\sum_{j=1}^{p} x_{ij}v_{kj} = 0$$
$$\frac{\partial L}{\partial v_{kj}} = 2v_{kj} \sum_{i=1}^{n} \frac{(u_{ik})^2}{r_{ijk}} - 2\sum_{i=1}^{n} x_{ij}u_{ik} = 0$$

を解くと次の解が得られる．

$$u_{ik} = \frac{\sum_{j=1}^{p} x_{ij}v_{kj}}{\sum_{j=1}^{p} \frac{(v_{kj})^2}{r_{ijk}}}, \quad v_{ik} = \frac{\sum_{i=1}^{n} x_{ij}u_{ik}}{\sum_{i=1}^{n} \frac{(u_{ik})^2}{r_{ijk}}}$$

さらに最小化の r_{ijk} を代入し，整理すると u_{ik}, v_{kj} の更新式は

$$u_{ik}^{'} \Leftarrow u_{ik} \frac{\sum_{j=1}^{p} x_{ij}v_{kj}}{\sum_{j=1}^{p} \hat{x}_{ij}v_{kj}},$$
$$v_{kj}^{'} \Leftarrow v_{kj} \frac{\sum_{i=1}^{n} x_{ij}u_{ik}}{\sum_{i=1}^{n} \hat{x}_{ij}u_{ik}}$$

となる．NMF では u_{ik}, v_{kj} に初期値を与え，上記のような更新式を用いて u_{ik}, v_{kj} の更新を繰り返し，最適な u_{ik}, v_{kj} を用いる．

5.8.2 NMF 分析の例

表 5.2 のデータを用いた NMF 分析の例を示す．NMF にもいくつかのアルゴリズムが提案されている．ここでは前項で説明したユークリッド距離に基づいた最も基本的な Lee and Seung(1999, 2000) のアルゴリズムによる分析結果を示す．基本的な発想は行列の分解であるため，結果の主な項目は個体のスコアと変数のスコアである．まず，推定した個体のスコアの一部分を次に示す．

	因子 1	因子 2	因子 3
akke2	0.000	30.983	0.000
akke5	0.000	0.000	19.329
akke9	28.463	0.000	0.000
ataka2	0.000	31.820	0.000
ataka5	0.000	0.000	36.242
ataka9	22.741	2.866	0.000
⋮	⋮	⋮	⋮

結果からわかるように pLSA や LDA と異なり，示す量は確率ではない．ただし，データの読み方は基本的には同じで，各行の文書はその行中で値が大きい因子に属すると判断する．このデータに基づいた因子と文書のヒートマップを図 5.14 に示す．ヒートマップおよびクラスター分析の詳細は次章で説明する．この図の色は値に比例する．値が大きいほど濃くなっている．

次に推定された各変数のスコアの一部分を次に示す．この値は因子における各語句の相対的なスコアであり，確率ではない．図 5.14 と同じく，因子と文書のヒートマップで示すことができる．その結果を図 5.15 に示す．

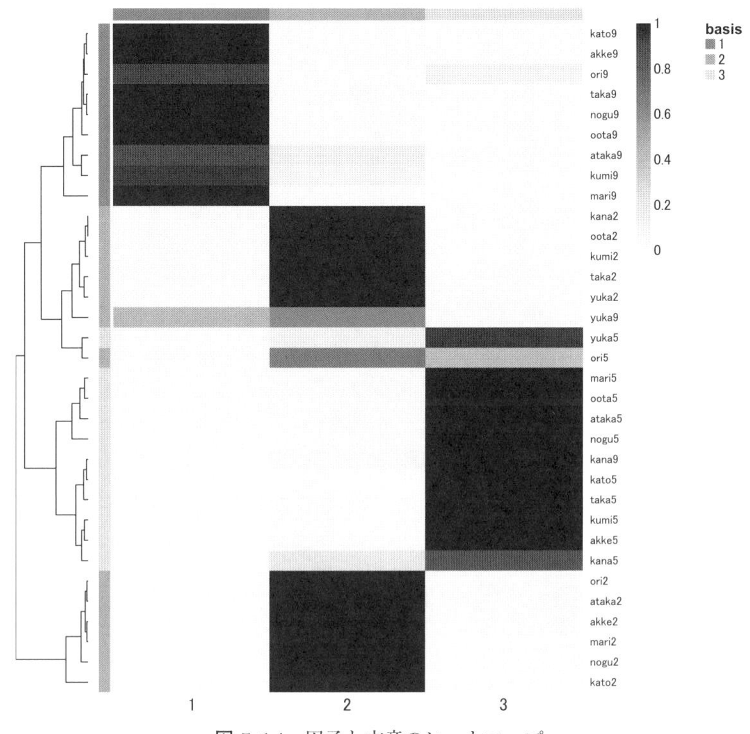

図 5.14 因子と文章のヒートマップ

	人	友達	車	自分	事故	人間	……
因子 1	0.036	0.000	0.000	0.028	0.000	0.027	……
因子 2	0.264	0.347	0.000	0.127	0.000	0.020	……
因子 3	0.068	0.000	0.349	0.085	0.116	0.068	……

図 5.15 では，語句が因子ごとにソートされていないので，分析しにくい．図 5.16 に因子ごとにまとめたヒートマップを示す．主対角線のブロックに対応する語句がそれぞれの因子に対応する語句である．

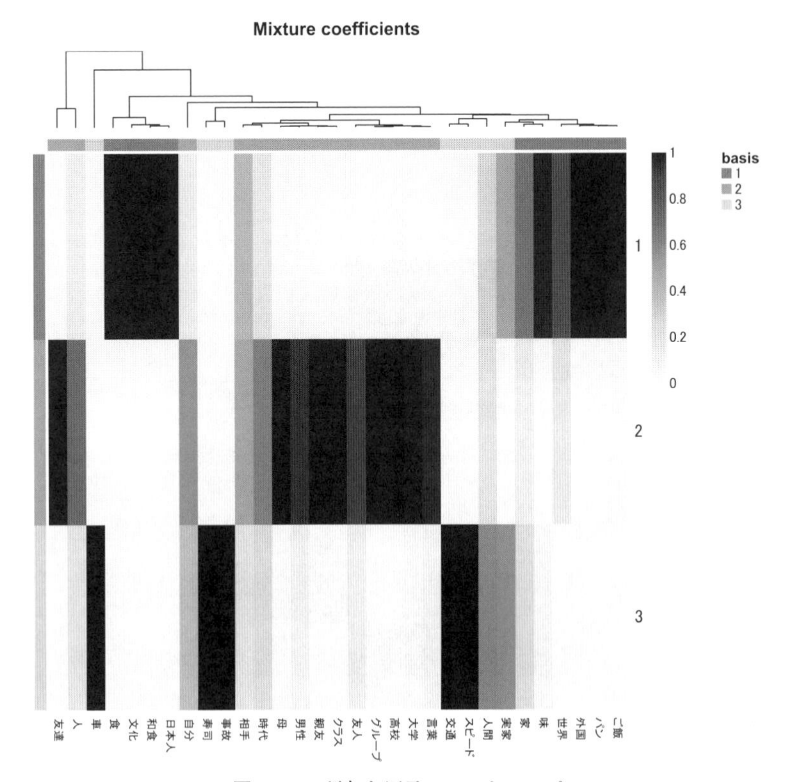

図 5.15 語句と因子のヒートマップ

●本節の内容に関する R スクリプト

```
> install.packages("NMF")          #パッケージのインストール
> library(NMF)
> res <- nmf(sakubun[,-32],3)
> basismap(res)
> coefmap(res)
> consensusmap(res)
```

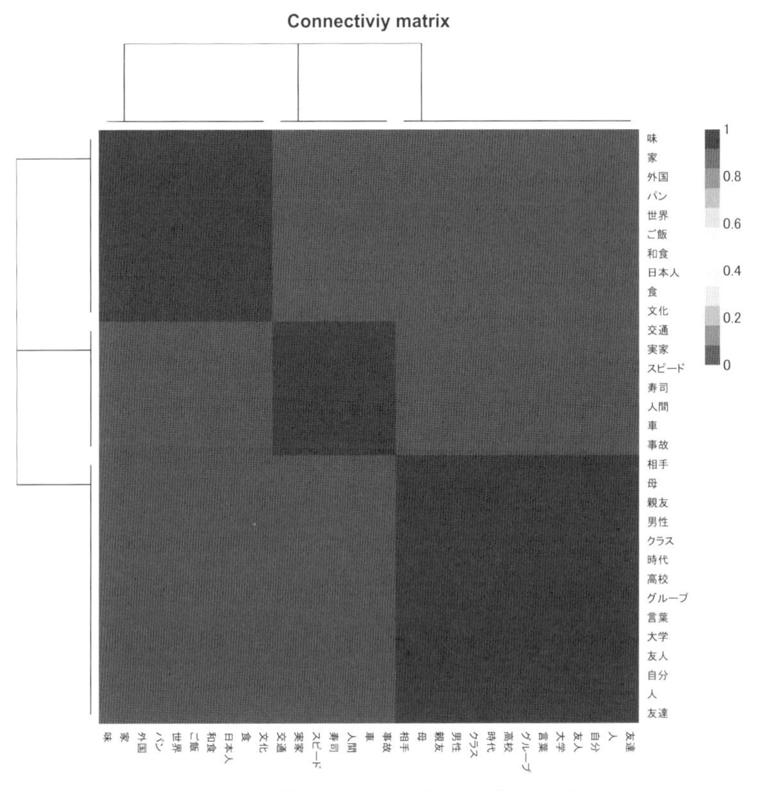

図 5.16 語句のコンセンサスヒートマップ

5.9 その他の方法

自己組織化マップ (SOM: Self-Organizing Map) は，T.Kohonen により提案されたニューラルネットワークアルゴリズムであり，高次元データを 2 または 3 次元平面上へ非線形的に射影するデータ分析方法である．SOM を用いてテキストの特徴を分析することも可能である（金, 2003a)．ただし，テキストアナリティクスの分野で用いるデータが高次元である場合は，変数の特徴を分析するのに若干不便である．

第6章

テキストのクラスター分析

本章では，テキストアナリティクスの分野で多く用いられている，類似度と非類似度を紹介し，これらのデータに基づいた分析の方法として階層的クラスタリング法，非階層的クラスタリング法等について紹介する．

6.1 類似度と非類似度

データの似ている度合としては，類似度 (similarity) と非類似度 (dissimilarity) がある．類似度は，値が大きいほど似ていることを示し，非類似度は値が小さいほど似ていることを示す．

多変量データ分析に関する方法のほとんどは分散，相関，距離の視点で導出している．たとえば，主成分分析は分散共分散行列，相関係数行列の固有値分解の問題である．しかし，この結果はユークリッド距離を二重中心化した固有値分解の結果と等しい．

6.1.1 量的データの類似度

テキストデータの場合でも類似度行列を求めることによって，計量的データ分析の手法を用いることができる．類似度の中で最も広く知られているのは相関係数である．相関係数は似ている度合を示す統計的指標であり，最も多く用いられているのはピアソンの積率相関係数 (product-moment correlation coefficient) である．略してピアソン相関係数，あるいは単に相関係数とよぶ．計量的データ $\mathbf{x} = (x_1, x_2, \ldots, x_i, \ldots, x_n)$, $\mathbf{y} = (y_1, y_2, \ldots, y_i, \ldots, y_n)$ のピアソン相関係数は次の式で定義されている．式の中の $\bar{x}$, $\bar{y}$ はそれぞれ変数 $\mathbf{x}$ と $\mathbf{y}$ の平均である．

$$r_{\mathbf{xy}} = \frac{\sum_{i=1}^{n}(x_i - \bar{x})(y_i - \bar{y})}{\sqrt{\sum_{i=1}^{n}(x_i - \bar{x})^2}\sqrt{\sum_{i=1}^{n}(y_i - \bar{y})^2}}$$

$r_{\mathbf{xy}}$ は -1 から 1 までの値をとり，$r_{\mathbf{xy}}$ が 1 に近いほど二つの変数の間には強い正の相関，$r_{\mathbf{xy}}$ が -1 に近いほど変数の間には強い負の相関関係があるという．$r_{\mathbf{xy}}$ が 0 に近いときは，変数の間には関連性がなく，無相関という．

ピアソン相関係数は二つの変数の線形的な関連性の強さの指標として有効であり，正弦・余弦関数，対数・指数関数，べき（冪）が 1 ではないような非線形的な変数間の関連性については正しく測定できない．相関係数は相関の強さを示すには大変便利な統計量であるが，数字のみを判断基準とすると誤解が生じる可能性もあるので，散布図を描いて確かめることが重要である．

工学の場合は類似度として次の式に示すコサイン類似度が多く用いられている．

$$\cos\_r_{\mathbf{xy}} = \frac{\sum_{i=1}^{n} x_i y_i}{\sqrt{\sum_{i=1}^{n} {x_i}^2}\sqrt{\sum_{i=1}^{n} {y_i}^2}}$$

式からわかるように，これはピアソン相関係数の各変数の平均が 0 の場合の特別ケースである．つまり，コサイン類似度は，平均と標準偏差を用いて標準化したデータのピアソン相関係数である．

非線形の相関関係を計測可能な相関係数として MIC(maximal information coefficient) がある．MIC は，Speed(2011) が考案した相関係数である．MIC は論文のタイトル "A Correlation for the 21st Century" の通りに 21 世紀の相関係数といわれている．

関数 $y = x^2$ の対称な区間内の x と y のピアソン相関係数は 0 となるが，MIC は近似的に 1 となる．

MIC の計算は，データ分布の座標系を可変的にグリッドで区切り，次に示す相互情報量 $I(\mathbf{x}; \mathbf{y})$ が最大となる値を求める．

表 6.1 2 × 2 分割表

		$\mathbf{y}$		行の合計
		b_1	b_2	
$\mathbf{x}$	a_1	a	b	$a+b$
	a_2	c	d	$c+d$
列の合計		$a+c$	$b+d$	$n=a+b+c+d$

表 6.2 2 × 2 分割表

		$\mathbf{y}$		行の合計
		0	1	
$\mathbf{x}$	0	3	1	4
	1	1	2	3
列の合計		4	3	7

$$I(\mathbf{x};\mathbf{y}) = \sum_i \sum_k p(x_i, y_k) \log \frac{p(x_i, y_k)}{p(x_i)p(y_k)}$$

テキストから得られるデータは，名義尺度と順序尺度に分けることができる．相関係数はデータの尺度によって異なる方法が提案されている．まず名義尺度における相関関係を示す指標について説明する．名義尺度は 2 値データと多値データがある．

6.1.2 名義尺度の類似度

(1) 2 値名義尺度

2 値データは表 6.1 のような 2 × 2 の分割表でまとめることができる．

たとえば，次に示す $\mathbf{x}$, $\mathbf{y}$ があるとする．これはテキストデータにおいて，ある語句がそのテキストに現れているか，現れていないかを集計したデータ形式である．このようなデータは，簡単に表 6.2 のようにまとめることができる．

$$\mathbf{x} = (0, 1, 0, 1, 0, 1, 0)$$

$$\mathbf{y} = (1, 1, 0, 0, 0, 1, 0)$$

統計学でよく説明されるのはユールの連関係数やファイ係数，カイ二乗値である．

(2) ユールの連関係数 Q

表 6.1 のように各セルの度数が与えられたとき，ユール (Yule) の連関

係数 Q は以下のように定義される．

$$Q = \frac{ad - bc}{ad + bc}$$

Q は相関係数と同様に $-1 \leq Q \leq 1$ が成り立つ．Q の絶対値が大きければ大きいほど，二つの変数間の関連（あるいは相関）が強い．

(3) ファイ係数

2×2 分割表のもう一つの関連度指数はファイ（ϕ）係数で，四分点相関係数ともよばれている．次の式で定義されている．

$$\phi = \frac{ad - bc}{\sqrt{(a+b)(c+d)(a+c)(d+b)}}$$

ユールの連関係数 Q と同じく $-1 \leq \phi \leq 1$ が成り立つ．つまり，ϕ の絶対値が大きければ大きいほど二つの変数間の関連が強く，逆に ϕ の絶対値が 0 になると，二つの変数は独立ということになる．ファイ係数はユールの連関係数 Q ほど高い値が得られない傾向がある．

(4) カイ二乗値と連関係数

表 6.1 のように集計された $\mathbf{x}$, $\mathbf{y}$ の関連性に関してよく知られている統計量は次に示すカイ二乗値である．

$$\chi^2 = \frac{n(ad - bc)^2}{(a+b)(a+c)(b+d)(c+d)}$$

このカイ二乗値は，カイ二乗分布への近似性があまりよくないと指摘され，次に示すイェーツの連続補正 (Yate's continuity correction) が提案されている．

$$\chi^2_{\mathrm{Yate}}(\mathbf{x}, \mathbf{y}) = \frac{n[\max(0, |ad - bc| - n/2)]^2}{(a+b)(a+c)(b+d)(c+d)}$$

これらのカイ二乗値を用いた関連性の指標として，次に示すピアソン連関係数 C 等がある．

$$C_{\mathrm{Pearson}}(\mathbf{x}, \mathbf{y}) = \sqrt{\frac{\chi^2_{\mathrm{Yate}}}{n + \chi^2_{\mathrm{Yate}}}}$$

(5) ジャッカード係数とダイス係数

上記の連関係数以外に2値データについては，多くの類似度指標が提案されている．テキストアナリシスで多く目にするのはジャッカード係数，ダイス (Dice) 係数である．ダイス係数は Sørensen–Dice index ともよばれている．

$$S_{\mathrm{Jaccard}}(\mathbf{x}, \mathbf{y}) = \frac{a}{a+b+c}, \quad S_{\mathrm{Dice}}(\mathbf{x}, \mathbf{y}) = \frac{2a}{2a+b+c}$$

ジャッカード係数はテキストに語句が現れているか否かに関するデータを用いてテキスト間の類似度を測るときによく用いられている．

表6.2に示している $\mathbf{x}$，$\mathbf{y}$ のジャッカード係数は次のように $S_{\mathrm{Jaccard}}(\mathbf{x}, \mathbf{y}) = a/(a+b+c) = 3/(3+1+1) = 0.6$ と求められる．

データ間の類似度を測る指標は多く提案されている．

Choi et al.(2010) は60個の2値データの類似度指標に16個の距離の測度を加えて指標の近似度合について分析を行い，3つの大きなクラスターに分けられることを示した．また，Bakri et al.(2015) は，59個の2値データの類似度指標について比較分析を行い，その指標の近似度合について8クラスターに分類できると示している．

なお，類似度指標間の関連性に関しては Paradowski(2015)，Batyrshin et al.(2016) 等の研究がある．

6.1.3　多値名義尺度

(1) 順序なしの場合

順序なしの多値データの類似度には，分割表におけるカイ二乗値を用いた関連度指標が多用されている．

カイ二乗値を用いた類似度の指標としては，クラメールの関連度指数

V，ファイ係数，ピアソン連関係数がある．

クラメールの関連度指数 (Cramer's V) は次の式で定義されている．

$$V = \sqrt{\frac{\chi^2}{(\min(r,c)-1)\,n}}$$

式の中の r, c はそれぞれ行，列の数であり，n は総度数である．V の値は $0 \leq V \leq 1$ をとる．

次に示すファイ係数とピアソン連関係数 C の定義を示す．

$$\phi = \sqrt{\frac{\chi^2}{n}}, \qquad C = \sqrt{\frac{\chi^2}{\chi^2 + n}}$$

(2) 順序尺度の連関係数

質的変数のうち，順序尺度で測定された変数については順序が重要な情報をもつため，順序に注目して変数間の関連性を分析する方法がある．ランキングデータの順位が一致する度合を示す順位相関係数 (rank correlation coefficient) としてスピアマン (Spearman) の順位相関係数，ケンドール (Kendall) の順位相関係数，順序尺度の相関係数としてポリコリック相関係数等がある．これらはテキストアナリティクスの分野において用いられている事例は少ないため，詳細の説明を割愛する．金 (2016) には比較的詳しく紹介している．

これらの類似度の行列を求めると，前章で説明した固有値の分解の方法や，本章で説明するクラスター分析の方法で分析をすることができる．

6.2　非類似度と距離

非類似度は値が小さいほど似ていると判断する．類似度と非類似度の概念が背反していることから，前節で説明した相関係数や関連度指標等の類似度 S は次のように非類似度として変換して用いることができる．

$$d(x, y) = f(S)$$

たとえば，表 6.1 に説明した 2 値データにおける

$$S_{\text{Sokal \& Michener}}(\mathbf{x}, \mathbf{y}) = \frac{a+b}{a+b+c+d} = \frac{a+b}{n}$$

とユークリッド距離との関係は次の式で示される．

$$d_{\text{ED}}(\mathbf{x}, \mathbf{y})^2 = n\left[1 - S_{\text{Sokal \& Michener}}(\mathbf{x}, \mathbf{y})\right]$$

一般的に距離は次の公理を満たすものを指す．

(1) $d(\mathbf{x}, \mathbf{x}) = 0$
(2) $d(\mathbf{x}, \mathbf{y}) \geq 0$
(3) $d(\mathbf{x}, \mathbf{y}) = d(\mathbf{y}, \mathbf{x})$
(4) $d(\mathbf{x}, \mathbf{y}) \leq d(\mathbf{x}, \mathbf{z}) + d(\mathbf{z}, \mathbf{y})$

6.2.1 量的データの距離

距離の中で最も広く知られているのはユークリッド距離である．量的データのベクトル $\mathbf{x}$，$\mathbf{y}$ のユークリッド距離は次のように定義されている．

$$d_{\text{ED}}(\mathbf{x}, \mathbf{y}) = \left\{\sum_{i=1}^{n} (x_i - y_i)^2\right\}^{1/2}$$

ユークリッド距離は，構造が簡単であり演繹的な展開に向いていることから，統計関連の書物で最も多く用いられている．

ユークリッド距離を一般化した次の距離をミンコフスキー距離 (Minkowski distance) とよぶ．

$$d_{\text{Minkowski}}(\mathbf{x}, \mathbf{y}) = \left\{\sum_{i=1}^{n} (x_i - y_i)^q\right\}^{1/q}$$

ユークリッド距離を標準化した距離としてマハラノビス距離 (Mahalanobis' distance) がある．マハラノビス距離を2つのベクトル間の距離に適応させたのが次に示す標準化ユークリッド距離である．

$$d_{\mathrm{SE}}(\mathbf{x},\mathbf{y}) = \left\{ \sum_{i=1}^{n} \frac{(x_i - y_i)^2}{\sigma^2} \right\}^{1/2}$$

ユークリッド距離以外に広く知られているのは次に示す市街距離（マンハッタン距離：Manhattan distance）である．

$$d_{\mathrm{Manhattan}}(\mathbf{x},\mathbf{y}) = \sum_{i=1}^{n} |x_i - y_i|$$

このマンハッタン距離に次のように手を加えた距離をキャンベラ距離 (Canberra distance) とよぶ．

$$d_{\mathrm{Canberra}}(\mathbf{x},\mathbf{y}) = \sum_{i=1}^{n} \frac{|x_i - y_i|}{|x_i + y_i|}$$

文書関連のテキストマイニングの分野では，カウントデータを比率に変換した相対頻度データを用いる場合が多い．この場合は確率分布間の距離を用いることを薦める．

6.2.2 相対頻度データの距離

カウントデータを相対頻度に変換したデータにおいて，特に次元が高いときにはユークリッド距離を用いるより次の距離の方が有効である (Jin and Huh, 2012; Jin and Jiang, 2013).

$$\mathrm{SChi}(\mathbf{x},\mathbf{y})^2 = 2\sum_{i=1}^{n} \frac{(x_i - y_i)^2}{x_i + y_i}$$

$$\mathrm{SKLD}(\mathbf{x},\mathbf{y})^2 = \frac{1}{2}\sum_{i=1}^{n} \left(x_i \log \frac{2x_i}{x_i + y_i} + y_i \log \frac{2y_i}{x_i + y_i} \right)$$

前者は一種の可変の重み付きユークリッド距離とも考えられるが，距離の百科事典 (Deza and Deza, 2012) では，symmetric χ^2-measure とよんでいる．本章では，対称カイ二乗距離とよぶことにする．後者は，確率分布間の差異を測る指標カルバックライブラーダイバージェンス

$$\mathrm{KLD}(\mathbf{x}||\mathbf{y}) = \sum_{i=1}^{n} x_i \log \frac{x_i}{y_i}$$

を距離の公理を満たすように工夫したものである．上の KLD を対称化した次の J-S ダイバージェンス (JSD) がある．

$$\mathrm{JSD} = \mathrm{KLD}(\mathbf{x}||\mathbf{y}) + \mathrm{KLD}(\mathbf{y}||\mathbf{x})$$

Sibson(1969) は JSD に次のような工夫を重ねた．

$$\mathrm{SKLD} = \frac{1}{2}\left\{\mathrm{KLD}\left(\mathbf{x}\left\|\frac{\mathbf{x}+\mathbf{y}}{2}\right.\right) + \mathrm{KLD}\left(\mathbf{y}\left\|\frac{\mathbf{x}+\mathbf{y}}{2}\right.\right)\right\}$$

名称は定着していない．本書ではカルバックライブラーダイバージェンスの KLD と混同を避けるため，SKLD とよぶことにする．特にテキストアナリシスを行うときに用いる距離としては，SChi 距離と SKLD 距離が有効である．平方根をとるべきであることを主張している方もいる．その理論背景としてはÔsterreicher and Vajda(2003) が参考になる．主な類似度や距離間の幾何学的比較分析に関して興味のある方は Podani(2000) を参照してほしい．

測定した距離データを用いた分析方法としてはクラスター分析法がある．クラスター分析は大きく分けて階層的クラスタリングと非階層的クラスタリングがある．

6.3 階層的クラスタリング

クラスター分析は階層的と非階層的に大別される．階層的クラスタリングとは，個体間（あるいは変数間）の類似度あるいは非類似度（距離）に基づいて，最も似ている個体から順次集めてクラスターを作っていく方法である．

樹形図は逆さにした木の構造に似たグラフであることから，ラベルが付

表 6.3　クラスタリングの流れ

データ行列	⇒	距離行列	⇒	コーフェン行列	⇒ 視覚化
$\begin{bmatrix} x_{11} & x_{12} & \cdots & x_{1n} \\ x_{21} & x_{22} & \cdots & x_{2n} \\ \vdots & \vdots & \ddots & \vdots \\ x_{m1} & x_{m2} & \cdots & x_{mn} \end{bmatrix}$	⇒	$\begin{bmatrix} 0 & & & \\ d_{21} & 0 & & \\ \vdots & \vdots & \ddots & \\ d_{m1} & d_{m2} & \cdots & 0 \end{bmatrix}$	⇒	$\begin{bmatrix} 0 & & & \\ c_{21} & 0 & & \\ \vdots & \vdots & \ddots & \\ c_{m1} & c_{m2} & \cdots & 0 \end{bmatrix}$	⇒ 樹形図を作成

いている部分を葉とよぶ．葉と葉との距離（葉から上に延びている線が連結するまでの高さ）が短いほど似ている．樹形図では，いくつかの個体が階層的に集まり，クラスター（房，枝）を形成し，複数のクラスターが最終的には一つのクラスター（木）となる様子が見てとれる．階層的クラスタリングを階層的クラスター分析ともよぶ．

6.3.1　階層的クラスタリングのプロセス

階層的クラスタリングにはいくつかの方法があるが，いずれも次のようなステップを踏む．

(1) 距離（あるいは類似度）を求める方法を選択し，距離を計算する．
(2) クラスタリング方法（たとえば，最近隣法，最遠隣法等）を選択し，計算する．
(3) 樹形図を作成する．
(4) 結果について検討を行う．

6.3.2　階層的クラスタリングの流れ

階層的クラスタリングでは，データから距離の行列を求め，距離の行列からクラスタリングを行う．クラスタリングはクラスター間の距離に基づいて行う．クラスター間の距離も多く提案されている．クラスター間の距離行列をコーフェン (cophene) 行列とよぶ．樹形図はコーフェン行列に基づいて作成する．クラスタリングの流れを表 6.3 に示す．

距離行列からコーフェン行列を生成する方法はいくつかあるが，第 1

段階はすべて同じで，最も距離が近い 2 つの個体間の距離をコーフェン距離とする．第 1 段階が終わった後，どのようにコーフェン距離を求めるかはクラスタリングの方法によって異なる．

6.3.3 階層的クラスタリングの方法

階層的クラスタリングの方法はクラスター間の距離をどのように求めるかに関する方法であり，最近隣法，最遠隣法，群平均法，重心法，メディアン法，ウォード法等が提案されている．表 6.4 に主な階層的クラスタリング法とその方法のイメージを示す．これら以外にも，可変 (flexible) 法，McQuitty 法，重み付き群平均法等がある．

例として，第 5 章で用いた三つのテーマについて 11 人が書いた作文から名詞を集計したデータを用いた階層的クラスタリングの樹形図を図 6.1 に示す．用いた距離はユークリッド距離であり，クラスタリングの方法はウォード法である．

比較のため，SKLD 距離を用いた同じクラスタリング法で作成した樹形図を図 6.2 に示す．図 6.2 の結果は図 6.1 より作文をテーマ別に正しく分類していることがわかる．

表 6.4 主な階層的クラスタリング法とそのイメージ

名称	説明	イメージ
最近隣法 single linkage	最近隣法は，最短距離法，単連結法ともよばれている．最近隣法は，二つのクラスターの個体間の距離の中で，最も近い個体間の距離をこの二つのクラスター間の距離とする．	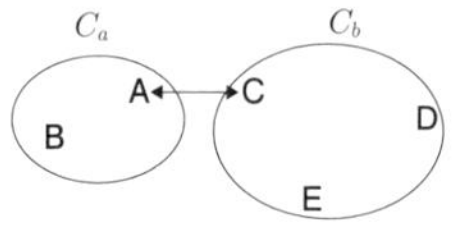
最遠隣法 complete linkage	最遠隣法は，最遠距離法，完全連結法ともよぶ．最遠隣法は，最も遠い個体間の距離をこの二つのクラスター間の距離とする．	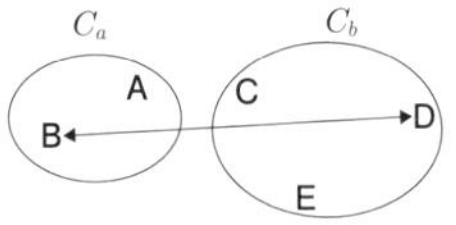
群平均法 average method	群平均法は，二つのクラスターのそれぞれの個体間の距離の平均値を二つのクラスター間の距離とする．	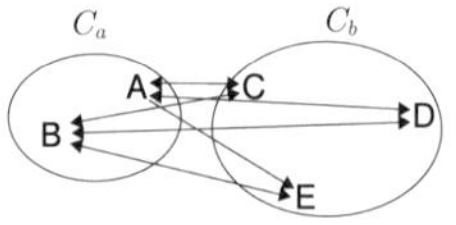
重心法 centroid method	重心法は，クラスターの重心間の距離をクラスター間の距離とする．重心を求める際には，クラスターに含まれる個体数が反映されるように，個体数を重みとして用いる．	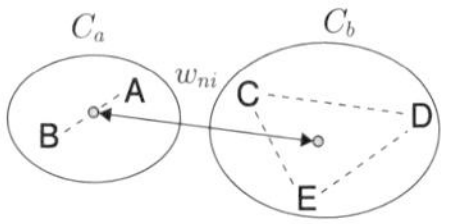
メディアン法 median method	メディアン法は，重心法の変形である．二つのクラスターの重心の間の重み付きの距離を求めるとき，重みを等しくして求めた距離を，二つのクラスター間の距離とする．	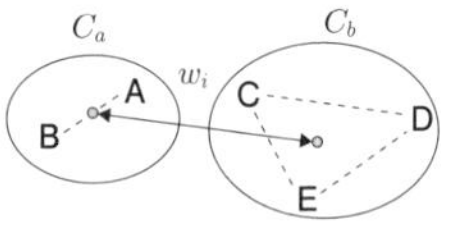
ウォード法 Ward's method	二つのクラスターを融合した際に，サブクラスを群とよぶ．ウォード法は，群内の分散と群間の分散の比を最大化する基準でクラスターを形成していく方法である．ウォード法は最小分散法ともよぶ． 群間の分散 = 全体の分散 − 群内の分散 $= \mathrm{var}(C_a \cup C_b) - \mathrm{var}(C_a) - \mathrm{var}(C_b)$	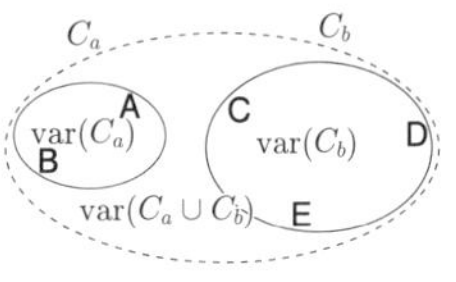

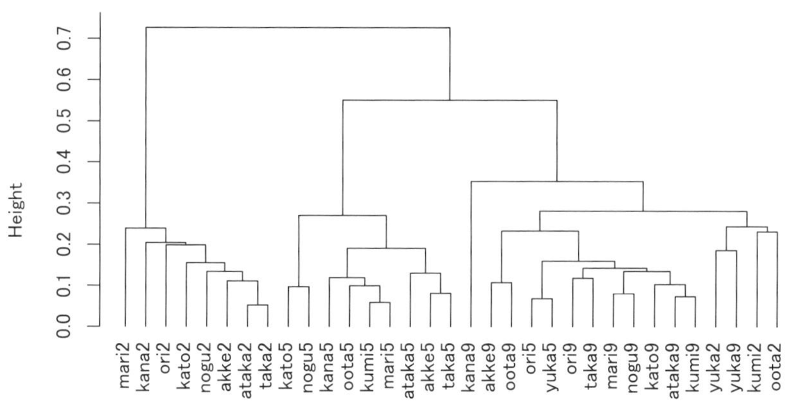

図 6.1 作文データのクラスター樹形図（ユークリッド距離）

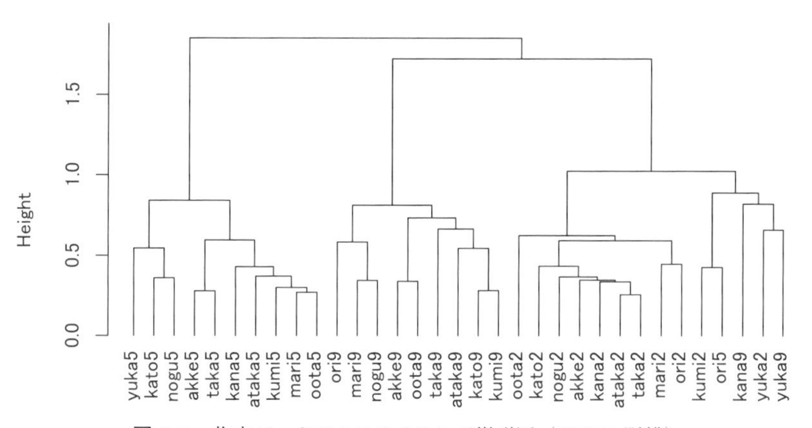

図 6.2 作文データのクラスタリング樹形図（SKLD 距離）

●本節の内容に関する R スクリプト

```
##クラスター樹形図
##ユークリッド距離と ward.D2 法
> path<-"http://mjin.doshisha.ac.jp/data/sakubun259f.csv"
> sakubun<-read.csv(path,row.names=1)    #データを読み込む
> sakubunp<-sakubun/rowSums(sakubun)     #相対頻度に変換
> sa.hc<-hclust(dist(sakubunp[,-32]),"ward.D2")
> plot(sa.hc,hang=-1)
##SKLD 距離と ward.D2 法
> skld<-function(x){
  x<-x+1e-006    #0 の対数演算を避けるためのカラクリ
  x<-(x/apply(x,1,sum))
  apply(x,1,function(y){    #各行に次の関数を適用する
    apply(x,1,function(z){
      ld<-sqrt(sum((y*log(2*y/(y+z))+z*log(2*z/(y+z)))/2))
    })
  })
}
> plot(hclust(as.dist(skld(sakubunp[,-32])),"ward.D2"),hang=-1)
```

6.4　クラスターのヒートマップ

前節で説明した階層的クラスタリングは，個体と変数との対応関係が考察できない．個体と変数の対応関係と階層的クラスタリングを同時に分析する方法としてヒートマップという図示方法が提案されている．階層的クラスタリングのヒートマップは個体の樹形図と変数の樹形図を同時に示し，色彩の色と濃淡を用いて値の大小を表示する．

例として，前節で用いたデータのヒートマップの結果を図 6.3 に示す．ここでは，文章間の距離としては SKLD 距離，変数間の距離はキャンベラ距離，クラスタリング法としてはウォード法を用いた．ヒートマップの薄い色の部分の語句が対応するクラスターの特徴語句である．

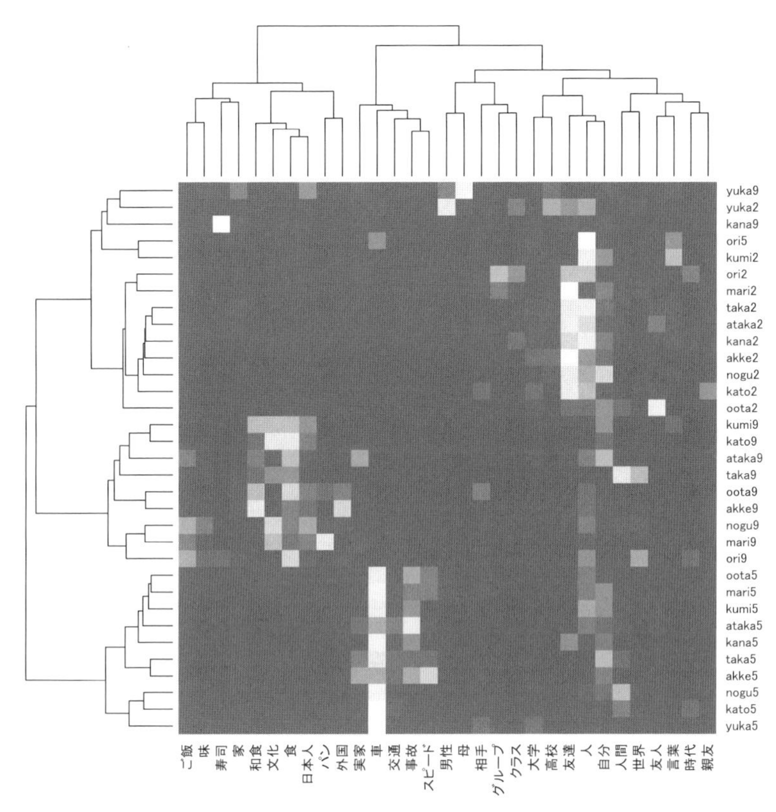

図 6.3 クラスターのヒートマップ

●本節の内容に関する R スクリプト

```
##クラスターヒートマップ
##ユークリッド距離と Ward.D2 法
##ユークリッド距離を用いた場合
> heatmap(as.matrix(sakubunp[,-32]))

##個体間の距離は SKLD, 変数間の距離はキャンベラ距離を用いる
> R<-hclust(as.dist(skld(sakubunp[,-32])),"ward.D2")
> C<-hclust(dist(t(sakubunp[,-32]),"can"),"ward.D2")
> heatmap(as.matrix(sakubunp[,-32]),Colv=as.dendrogram(C),
          Rowv=as.dendrogram(R))
```

6.5 非階層的クラスタリング

階層的クラスタリング法は，個体数が多いと計算量が膨大になるため，大量のデータ分析には向いていない．大規模のデータセットのクラスター分析には，非階層的クラスタリング法が多用されている．非階層的クラスタリング法の代表的な方法として k 平均法 (k-means method) がある．

k 平均法には，いくつかのアルゴリズムが提案されているが，基本的な考え方はクラスター C_k 内の距離のような統計量 $W(C_k)$ を最小化することである．式の中の K はクラスターの数である．

$$\arg\min\left\{\sum_{k=1}^{K} W(C_k)\right\}$$

$$W(C_k) = \sum_{i\in C_k} d(x_i, C_k)$$

$W(C_k)$ に関しては，クラスター C_k において各標本からクラスター中心 c_k までの距離が多く用いられている．中心はクラスター内の平均値または中央値が多く用いられている．距離としてはユークリッド距離を用いるのが一般的である．そのアルゴリズムを次に示す．

(1) k 個の仮の初期クラスター中心を適当に与える．
(2) すべてのデータを k 個のクラスター中心との距離を求め，最も近いクラスターに分類する．
(3) 新たに形成されたクラスターの中心を求める．
(4) ステップ (2)，(3) を繰り返し，クラスターの中心がすべて前の結果と同じであれば終了し，そうでなければ (2) に戻る．

説明のため，2次元の平面上の散布図を用いて，k 平均法のアルゴリズムのイメージを説明する．たとえば，図 6.4(a) のような散布図があるとする．これを3つのクラスターに分類する場合，まず図 6.4(b) のように適当に3つの中心 ($k = 3$) を与え，これを中心としたクラスターを求める．次は図 6.4(c) のように新しくクラスターの中心を求め，図 6.4(d) の

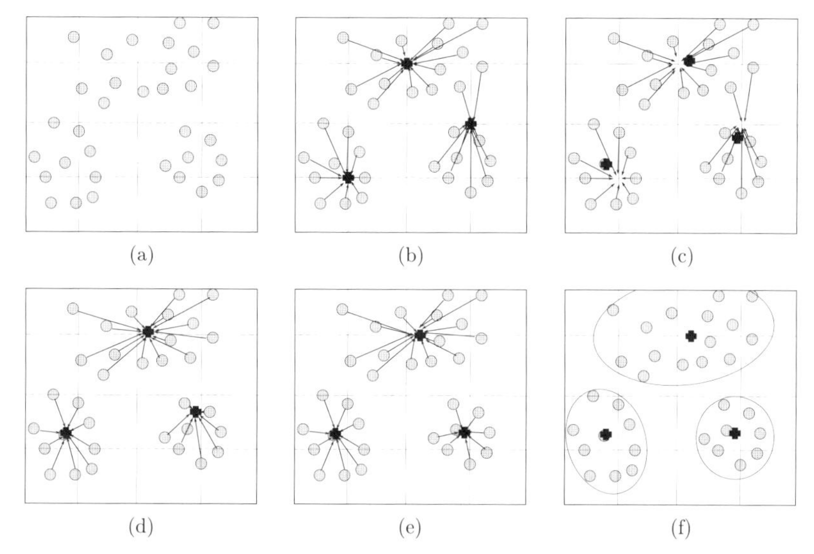

図 6.4　k 平均法のクラスタリングのイメージ

ように新しいクラスターを求める．このような作業をクラスターの中心が変わらなくなるまで繰り返す平均法では，中心はクラス内のデータの各要素の算術平均を用いる．

k 平均法の中で，多く用いられているのは，1957 年に提案された Lloyd 法，1965 年に提案された Forgy 法，1969 年に提案された MacQueen 法，1979 年に提案された Hartigan-Wong 法である．これらの名称は提案者の名前である．

また，クラスターの中心を medoid とした k-medoids 法がある．ここで medoid とはクラスター内の点であり，クラスター内でその点以外の点との非類似度の総和が最小になる点である．

階層的クラスタリング法と同様に，k 平均法も用いる距離に依存する．高次元の相対頻度データを用いるテキストアナリシスの場合，本章で説明した SKLD 距離の方がよい．Jin and Jiang(2013) は中国の 5 人の文豪の 200 作品（それぞれ 40 作品）の記号（標点符号）前に用いられている文字，記号・文字の bigram を抽出してテキストのクラスター分析を試みた．5 人の著者は Guo Moruo (1892-1978)，Lao She (1899-1966)，Lu

表 6.5 異なる距離による k 平均法結果の F_1 値

データの種類 距離	記号の前に用いた文字			文字記号の bigram		
	ED	COSD	SKLD	ED	COSD	SKLD
2 著者	0.8140	0.8416	0.9684	0.7118	0.8390	0.9543
3 著者	0.6347	0.7443	0.9589	0.5582	0.7153	0.9148
4 著者	0.6359	0.6455	0.7996	0.4847	0.6260	0.7420
5 著者	0.6211	0.6345	0.6634	0.4340	0.5866	0.6710

表 6.6 異なる距離によるウォード法の結果の F_1 値

データの種類 と距離	記号の前に用いた文字			文字記号の bigram		
	ED	COSD	SKLD	ED	COSD	SKLD
2 著者	0.8487	0.8939	0.9861	0.7168	0.8745	0.9795
3 著者	0.6977	0.7998	0.9676	0.5512	0.7842	0.9453
4 著者	0.6477	0.6724	0.9617	0.3350	0.7373	0.9578
5 著者	0.7384	0.6172	0.9609	0.4476	0.6744	0.9491

Xun (1881-1936), Shen Congwen (1902-1988), Zhou Jianren (1888-1984) である．

k 平均法にユークリッド距離 (ED)，コサイン類似度 (COSD)，SKLD 距離を用いた結果を表 6.5 に示す．表の中の「2 著者」は 2 著者間の $k = 2$,「3 著者」は 3 著者間の $k = 3$ の平均値である．表の結果からわかるように，明らかに SKLD 距離が優れている．評価指標 F_1 値に関しては 7.6.2 項を参考にしてほしい．

k 平均法と階層的クラスタリングの結果を比較するため，同じデータを用いたウォード法によるクラスタリングの結果を表 6.6 に示す．表 6.5 と 6.6 を比べると階層的クラスタリングのウォード法のほうがよい．

6.6 クラスターの数の決定方法

k 平均法のようなクラスタリングを行う際には，事前にクラスター数を決めることが必要である．クラスター数を機械的に求める研究も多く行われている．クラスター数の機械的な決め方は，異なるクラスター数の結果に対し何らかの評価指標を求め，その指標値の最小，もしくは最大となるクラスター数を決める方法が主流である．

クラスター数を決める研究は1960〜80年代に活発に行われ，数十種類の指標が提案された．Charrad et al.(2014) は30種類の指標をまとめて解説を行った．十分な紙面がないため，本節では1975年に提案されたHartigan指標をはじめとしたいくつかの指標を紹介する．Hartigan指標は次の式で定義されている (Hartigan, 1975).

$$\mathrm{Hartigan} = \left(\frac{\mathrm{trace}W_k}{\mathrm{trace}W_{k+1}} - 1\right)(n - q - 1)$$

$$W_k = \sum_{k=1}^{K}\sum_{i \in C_k}(x_i - c_k)(x_i - c_k)^T$$

式の中の k はクラスター数，n は標本数 ($k \ll n$)，W_k は k クラスターに分けた場合のクラスター内の分散である．

Tibshirani et al.(2001) は，次に示すGap指標を提案した．

$$\begin{aligned}\mathrm{Gap}(k) &= E(\log W_k) - \log W_k \\ &\cong \left(\frac{1}{B}\sum_{b=1}^{B}\log W_{kb}\right) - \log W_k\end{aligned}$$

式の中の $E(\cdot)$ は期待値，B はブートストラップ法により一様分布に基づいてリサンプリングしたデータセットの標本数であり，W_k はHartiganで用いたクラスター内の分散や距離のような統計量であり，W_{kb} はブートストラップデータセット b における W_k である．最大のGap値のグループ数を結果とする．Yan and Ye(2007) は，Gap指標に工夫を加えた重み付きGap指標を提案した．

上記のような方法とは異なるアプローチでクラスター数を決める指標としてはモデルに基づいた方法がある．モデルに基づいた方法は，データ X が混合分布であることを前提としている．

$$X = \sum_{c=1}^{K}\alpha_c f_c(x)$$

式の中の α_c は分布 c の重みであり，$f_c(x)$ は分布 c の密度関数である．混合分布で最も多く用いられているのはガウス分布の混合である．次元 p のクラスター c のガウス分布を次に示す．

$$f_c(x) = \frac{1}{(2\pi)^{p/2}|\Sigma_c|^{1/2}} \exp\left\{-\frac{1}{2}(x-\mu_c)^T\Sigma_c^{-1}(x-\mu_c)\right\}$$

分布の中のパラメータとなる平均 μ_c，分散行列 Σ_c は EM アルゴリズム等で推定する．

推定する際に加える制約条件によってモデルが異なる．たとえば，分散行列 Σ_c がすべて単位行列であるモデル（EII），クラスターごとに分散行列 Σ_c が可変するモデル (VII)，分散行列 Σ_c が次元ごとに可変するモデル (EEI) 等がある．これらの詳細に関しては Fraley and Raftery (2007)，新納 (2008) が詳しい．得られたモデルの評価は情報量規準 AIC(Akaike's information criterion), BIC(Bayesian information criterion) 等を用いることもある．

このように，クラスター数を決める方法は多く提案されているが，しばしば計算結果が用いた方法によって大きく異なる．また，提案された方法がデータの構造に依存するため，計算ができない場合も少なくない．特にテキストアナリシスに用いるデータの次元は高次元であるため，適合できない方法が多い．方法によって計算結果が大きく異なる問題に対して，一つの実用的な方法は複数の指標の結果に対して多数決をとることである．

例として，三つの内容の作文データを用いて，18 種類の指標で求めた結果を表 6.7 に示す．

表からわかるように，求めたクラスター数が 1〜15 である k 平均法において多数決をとるとクラスター数 2 が 5 回で最も多く，ウォード法ではクラスター数 3 が 7 回で最も多い．ウォード法のクラスター数が，用いた作品のテーマの数と一致する．

また，クラスター数を求める方法として，確率分布を仮定し，最大尤度を推定する方法で情報量規準 BIC に基づいてクラスターを決める方法が提案されている．

表 6.7 18 種類の指標で求めたクラスター数

指標の名前（参考文献）	k 平均法	クラスタリングウォード法
kl (Krzanowski and Lai, 1988)	4	3
ch (Calinski and Harabasz, 1974)	4	3
hartigan (Hartigan, 1975)	4	3
cindex (Hubert and Levin, 1976)	15	15
db (Davies and Bouldin, 1979)	2	14
silhouette (Rousseeuw, 1987)	15	14
duda (Duda and Hart, 1973)	5	3
pseudot2 (Duda and Hart, 1973)	5	3
ratkowsky (Ratkowsky and Lance, 1978)	6	3
ball (Ball and Hall, 1965)	3	3
ptbiserial (Milligan, 1980, 1981)	5	4
gap (Tibshirani et al., 2001)	2	2
frey (Frey and van Groenewoud, 1972)	2	1
mcclain (McClain and Rao, 1975)	2	2
gamma (Baker and Hubert, 1975)	15	14
gplus (Rohlf, 1974; Milligan, 1981)	15	14
tau (Rohlf, 1974; Milligan, 1981)	3	4
dunn (Dunn, 1974)	2	14

●本節の内容に関する R スクリプト

```
> install.packages("NbClust")  #パッケージのインストール
> library("NbClust")
> ind.list<-c("kl","ch","hartigan","cindex","db","silhouette",
              "duda","pseudot2","ratkowsky","ball",
              "ptbiserial","gap","frey","mcclain","gamma",
              "gplus","tau","dunn")
> leg<-length(ind.list)
> resM2<-matrix(0,leg,2)
> rownames(resM2)<-ind.list
> colnames(resM2)<-c("kmean","ward.D2")
```

```
> for(i in 1:leg){
   resM2[i,1]<-as.integer( NbClust(sakubunp[,-32],
                method="kmean",index=ind.list[i])$Best.nc[1])
   resM2[i,2]<-as.integer(NbClust(sakubunp[,-32],
                method="ward.D2",index=ind.list[i])$Best.nc[1])
 }
> resM2

           kmean ward.D2
kl             4       3
ch             4       3
<後略>
```

第5章で紹介したpLAS，LDA，NMF等もクラスター分析として用いることができる．広義では主成分分析，対応分析もクラスター分析の手法として用いることができる．このような外的基準なしの方法を統合して分析する方法も提案されている（財津・金, 2018）．本章と第5章で紹介した方法以外にも多くのアルゴリズムが提案されている．たとえば，ハイブリッド・アプローチ (hybrid approach) によるクラスター分析法 (Kogan et al., 2010) やカーネル法に基づいたクラスター分析 (AlSumait and Domeniconi, 2010) 等がある．

第7章

テキストの分類と判別分析

本章では，学習データを用いてテキストを何らかの特徴別に分類するモデルを作成し，そのモデルに基づいて所属が不明であるテキストを分類する方法およびその例を示す．

7.1　分類と判別分析

データ分析や機械学習を行う際には，目的変数（学習データ）がある場合がある．目的変数はカテゴリカルデータと量的データに大別される．カテゴリカルデータを目的変数としたデータ分析を判別分析，量的データを目的変数としたデータ分析を回帰分析とよんでいる．このような分析を予測分析ともよび，その分析方法またはアルゴリズムを機械学習分野では，分類器 (classifier) あるいは学習器 (learner) とよんでいる．

テキストのカテゴリ（目的変数）が既知であるデータを用いて，カテゴリ別に分類するモデルを作成し，カテゴリが未知であるテキストを既知のカテゴリに振り分けることをテキストの分類 (text classification)，またはテキストのカテゴリ分類 (text categorization) とよぶ．

テキストアナリティクスの目的の一つは，電子化された大量のテキストをどのように機械的に分類するかである．たとえば，口コミやレビューをポジティブとネガティブに分類すること，コールセンターに寄せられている内容が要望であるか，批判であるか，質問であるか，どのような質問であるか等のカテゴリに分類すること等が考えられる．

計量文体分析の分野では文章をジャンル別に分類，著者別に分類する研究が古くから行われている．Cox and Brandwood(1959) は作品における文末の5つの音節に関する32のパターンを集計し，尤度比に基づいてプラトン (Plato) の作品の判別分析を行い，Mosteller and Wallace(1963) は著者の特徴が現れると考えられる単語の使用頻度を用いて，線形判別関数やベイズの定理に基づいてハミルトン (Alexander Hamilton) の作品とマディソン (James Madison) の作品について著者の判別を行った．日本語のテキストにおいては江戸時代に書かれた『由良物語』について，韮沢 (1965) が特徴となる語の使用頻度に基づいて著者の判別分析を行った．

このような計量文体学におけるテキスト分類の手法を用いた著者推定に関する研究は，今日のテキスト分類のアプローチと基本的には同じである．異なるのは，テキストの中から抽出して分類に用いる要素・特徴量（分野によっては素性ともよぶ）である．

判別に関する方法は数多く提案されている．Fernández-Delgado et al. (2014) は179個の分類器について121セットのベンチマークデータを用いてその精度を比較分析した．その結果，トップにランクインされているのはランダムフォレストを含むアンサンブル学習法，サポートベクターマシン，ニューラルネットワーク，ツリーモデルである．テキストの分類では，高次元のカウントデータであることもあり，ランダムフォレストを含むアンサンブル学習法，サポートベクターマシンの精度が高いことが実証されている．

テキスト分類には多くの方法が用いられている（Sebastiani, 2002; 金・村上, 2007）．本章では，その主な方法について詳説し，例を用いてその性能を示す．

7.1.1 線形判別分析

分類方法は，古典的な統計学では判別分析とよぶ．判別分析の中で最も基本的な方法は線形判別分析である．学習データの集合 $(\mathbf{x}_1, y_1)$, $(\mathbf{x}_2, y_2), \ldots, (\mathbf{x}_n, y_n)$ があるとする．$\mathbf{x} = (x_1, x_2, \ldots, x_p)$ は，テキストから集計した項目である．この一つひとつの項目を独立変数とよぶ．$\mathbf{y} = (y_1, y_2, \ldots, y_n)$ は，それぞれのテキストが属するカテゴリのラベルであり，目的変数とよぶ．

1936 年に Ronald Fisher が提案した線形判別分析は，目的変数の情報に基づいて群内（同じカテゴリ）の分散を最小，群間（異なるカテゴリ）の分散を最大にして求めた解である．

$$\arg\max\,(\mathrm{BS}/\mathrm{WS})$$

群間の分散：$\mathrm{BS} = \frac{1}{K-1}\sum_{k=1}^{K} m_k(\bar{\mathbf{x}}_k - \bar{\mathbf{x}})(\bar{\mathbf{x}}_k - \bar{\mathbf{x}})^T$
群内の分散：$\mathrm{WS}= \frac{1}{m-K}\sum_{k=1}^{K}\sum_{j=1}^{m_k}(\mathbf{x}_{kj} - \bar{\mathbf{x}}_k)(\mathbf{x}_{kj} - \bar{\mathbf{x}}_k)^T$
K は群の数，m_k は群 k の個体数，$m = \sum_{k=1}^{K} m_k$
$\bar{\mathbf{x}}_k$ は群 k の平均ベクトル，$\bar{\mathbf{x}}$ は全体の平均ベクトル

その解は $(\mathrm{WS})^{-1}(\mathrm{BS})$ の固有値分解の方法で求めることができ，第 1 固有値に対応する固有ベクトル $\mathbf{w}_1$ を用いた次に示す判別関数を第 1 判別関数ともよぶ．

$$y_{\mathrm{first}} = \sum_{j=1}^{p} x_j w_{j1} \quad \text{または} \quad y_{\mathrm{first}} = \sum_{j=1}^{p} x_j w_{j1} + w_0$$

線形判別分析では，上記の式の値を用いてカテゴリの所属が不明であるテキストをあらかじめカテゴリ化しておいたカテゴリに振り分ける．たとえば，2 つのカテゴリ A，B の場合は，上記の式で得られた値がプラスであればカテゴリ A，得られた値がマイナスであればカテゴリ B に振り分ける．

2 群における線形判別の定式は，次に示すマハラノビス平方距離に等しいことにより，データの散らばりを考慮した距離による判別分析であるともいわれている．式の中の $\bar{\mathbf{x}}_1, \bar{\mathbf{x}}_2$ はそれぞれ群 1，群 2 の平均，S は群 1 と群 2 の分散共分散行列 S_1, S_2 を標本サイズで調整を行った共通の分散共分散行列である（小西, 2010）．

$$\frac{1}{2}(\bar{\mathbf{x}}_1 - \bar{\mathbf{x}}_2)^T S^{-1}(\bar{\mathbf{x}}_1 - \bar{\mathbf{x}}_2)$$

K 群判別においては，次の距離が最小になる群に属すると判別する．

$$D_j^2 = \frac{1}{2}(\mathbf{x} - \bar{\mathbf{x}}_j)^T S^{-1}(\mathbf{x} - \bar{\mathbf{x}}_j), \qquad j = 1, 2, \ldots, j, \ldots, K$$

このマハラノビス距離に基づいた判別分析法をマハラノビス距離判別分析とよぶ．式の中の $\bar{\mathbf{x}}_j$ は j 群の平均ベクトルである．

7.1.2　ベイズ判別分析

説明変数 $\mathbf{x}$ を条件，目的変数 $\mathbf{y}$ を結果と考えた場合，条件 $\mathbf{x}$ の下で結果 $\mathbf{y}$ が起こる条件付き確率 $p(\mathbf{y}|\mathbf{x})$ は，ベイズの定理から

$$p(\mathbf{y}|\mathbf{x}) = \frac{p(\mathbf{y})p(\mathbf{x}|\mathbf{y})}{p(\mathbf{x})}$$

と表すことができる．$p(\mathbf{y}|\mathbf{x})$ を事後確率 (posterior probability)，$p(\mathbf{y})$ を事前確率 (prior probability) とよぶ．事後確率 $p(\mathbf{y}|\mathbf{x})$ を最大にすることは，$p(\mathbf{x})$ は定数であるため $p(\mathbf{y})p(\mathbf{x}|\mathbf{y})$ を最大にすることに等しい．

テキスト i の変数ベクトルが $\mathbf{x}_i = (x_{i1}, x_{i1}, \ldots, x_{ip})$ であり，C_k はテキストが属するグループであるとする．通常グループの数 K はテキストの数 n に比べてかなり小さい ($K \ll n$)．$\mathbf{x}_i$ が C_k 群に属する確率 $p(C_k|\mathbf{x}_i)$ は

$$p(C_k|\mathbf{x}_i) = \frac{p(C_k)p(\mathbf{x}_i|C_k)}{p(\mathbf{x}_i)}$$

で表される．この定理に基づいた判別分析をベイズ判別分析法とよぶ．ベイズ判別分析では，$p(C_k|\mathbf{x}_i)$ が最も大きい群に属すると判断する．

$$\arg\max\{p(C_1|\mathbf{x}_i), p(C_2|\mathbf{x}_i), \ldots, p(C_K|\mathbf{x}_i)\}$$

$p(C_k|\mathbf{x}_i)$ の最大化は $p(C_k)p(\mathbf{x}_i|C_k)$ の最大化に等しい．もし，各変数がお互いに独立であると仮定するとベイズ判別式の $p(C_k)p(\mathbf{x}_i|C_k)$ は次になる．

$$p(C_k)p(\mathbf{x}_i|C_k) = p(C_k)\prod_{j=1}^{p} p(x_{ij}|C_k)$$

よって，各変数がお互いに独立であるベイズ判別は上記の式を用いるだけでよい．式の中の確率は標本データにおける相対頻度を用いて近似することができる．このような仮定に基づいたベイズ判別法をナイーブベイズ (naive Bayes) 法とよぶ．

7.1.3 ロジスティック判別分析

二項分布に従う実験を n 回行ったとき，事象 A が k 回起こる確率は $P_k = {}_n\mathrm{C}_k p^k(1-p)^{n-k}$ となる．p は事象 A が起こる確率，$q = 1 - p$ は事象 A が起こらない確率である．二項分布に従うデータのモデリングには，次に示す事象 A が起こる確率と，起こらない確率の対数オッズの線形モデルが多用されている．

$$\log\frac{p}{1-p} = \mathbf{x}\beta \text{ または } \log\frac{p}{1-p} = \mathbf{x}\beta + \beta_0$$

この式の左の式をロジット (logit) 関数とよび，次に示すその逆関数をロジスティック (logistic) 関数とよぶ．

$$p = \frac{\exp(\mathbf{x}\beta)}{1+\exp(\mathbf{x}\beta)} = \frac{1}{1+\exp(-\mathbf{x}\beta)}$$

ロジット関数を用いたモデルに基づいた判別分析をロジスティック判別分析とよぶ．係数 β の推定値は上記の式の対数尤度関数を最大化する方法，あるいは重み付きの最小二乗法で次の推定式が求めれる．

$$\hat{\beta} = (X^TWX)^{-1}X^TWZ$$

式の中の W は重みを対角要素とした行列である．

2 群判別においては求めた $\hat{p} = \exp(\mathbf{x}\hat{\beta})/[1+\exp(\mathbf{x}\hat{\beta})]$ の値が 0.5 より大きいか，小さいかでどの群に属するかを判別する．

3 群以上のロジスティック判別を多項ロジスティック判別，あるいは多項ロジットモデル (multinomial logit model) とよぶ．k 個 ($k = 1, 2, 3,$

$\ldots, K)$ のカテゴリの選択肢があり，選択結果を y_{ik} で表示すると第 k 番目のカテゴリの多項ロジットモデルは次のように表すことができる．

$$p(y_{i1}) = \frac{1}{1+\sum_{s=2}^{K}\exp(\beta_s \mathbf{x})},$$
$$p(y_{ik}) = \frac{\exp(\beta_k \mathbf{x})}{1+\sum_{s=2}^{K}\exp(\beta_s \mathbf{x})}, \qquad k = 2, 3, \ldots, K$$

ここでは $k = 1$ をベースラインとしている．どのカテゴリをベースラインにしてもよい．

ロジスティック判別法は，ニューラルネットワークの基礎である．線形判別分析，ベイズ判別分析，ロジスティック判別分析は統計的データ解析の書籍では必ず扱う判別分析の方法である．次に情報科学分野で用いる非常に単純な判別方法の一つである k 近傍法を紹介する．

7.1.4 k 近傍法

判別分析の方法の中に k 近傍法 (k nearest neighbors) という判別方法がある．k 近傍法（あるいは k 最近隣法）は，判別を行うときに，記憶しておいたデータとの距離（類似度）を求めることが必要であることから，記憶ベース推論 (memory-based reasoning) 法ともよばれている．

k 近傍法は最も単純な分類アルゴリズムである (Cover and Hart, 1967). k 近傍法は，判別すべき個体の周辺から最も近いものを k 個見つけ，その k 個の多数決により，どのグループに属するか判断する．距離としては一般的にユークリッド距離が用いられている．

図 7.1 に k 最近傍法のイメージを示す．2 次元平面に異なる 3 種類の個体（□，△，○）があるとする．いま所属不明である個体がこの 3 種類の中のどのグループに属するかを判別することを考える．k 近傍法での k は，多数決のため投票に参加すべき個体の数である．k は自由であるが，ここでは図 7.1 のように 5 とする．まず所属不明の個体と最も距離が近い個体を 5 つ求め，次にその 5 つの個体の属性による多数決をとる．図 7.1 では所属不明の個体を中心とした円の中の 5 つの個体は△が 3 つ，○が 1 つ，□が 1 つであるので，所属不明である個体は多数決で△のグループ

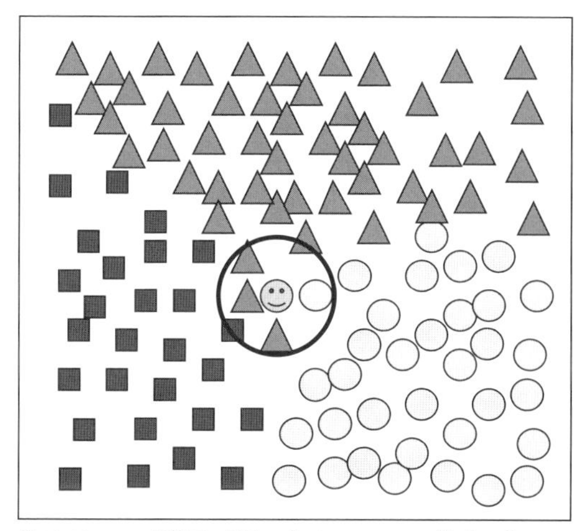

☺はグループ所属不明である．$k=5$ の場合，☺は▲グループに属すると判断する．

図 7.1　k 近傍法のイメージ図

に属すると判断される．k 近傍法は判別問題だけではなく，回帰の問題でも用いることが可能である．

7.2　サポートベクターマシン

7.2.1　サポートベクターマシンの基本定式

線形判別分析における判別境界について，マージンを最大にする方法で定式化したサポートベクターマシン (SVM: support vector machine) が提案されている (Vapnik, 1998)．初期の SVM は 2 群線形分類器として提案されたが，非線形多群判別分析に適応し，さらにカーネル法を用いて拡張した方法がある．SVM はカテゴリ間のマージンを最大にし，マージンの中間を通る分類境界を求める方法である．邦文による詳細な文献としては赤穂 (2008) 等がある．SVM はニューラルネットワークのアイディアから生まれたものであり，初期段階ではサポートベクターネットワーク (support-vector network) とよばれた (Cortes and Vapnik, 1995)．

SVM は線形分離が可能な高次元の仮説空間において，高次元の分類問題に対し，線形的なアプローチで学習を行う機械学習法である．学習データ集合 $(\mathbf{x}_1, y_1)$, $(\mathbf{x}_2, y_2)$, …, $(\mathbf{x}_n, y_n)$ における $\mathbf{x} = (x_1, x_2, \ldots, x_p)$ は個体の特徴ベクトルで，y は目的変数であり，回帰問題では数値，分類問題ではクラス（群）のラベルである．線形判別の問題では次に示す線形関数を用いる．

$$y = f(\mathbf{x}) = \sum_{i=1}^{p} w_i x_i + b = \mathbf{x}\mathbf{w}^T + b$$

式の中の $\mathbf{w} = (w_1, w_2, \ldots, w_p)$ は各変数の係数である．

説明のために，2 群 (+,−) 線形分類の SVM のイメージを図 7.2 に示す．SVM は図 7.2 に示すマージンが最大になる分類境界を求め，次のように判別を行う．$y = 1$ は "+" のグループ，$y = -1$ は "−" のグループに判別される．

$$y = \begin{cases} 1 & \mathbf{x}\mathbf{w}^T + b \geq 1 \\ -1 & \mathbf{x}\mathbf{w}^T + b \leq -1 \end{cases}$$

図 7.2 における点線上の個体をサポートベクターとよぶ．マージンを最大にする際に影響を与えるのはサポートベクターのみである．超平面 $\mathbf{x}_i\mathbf{w}^T + b = 1$ と $\mathbf{x}_j\mathbf{w}^T + b = -1$ の間の間隔をマージンとよぶ．マージンを最大にすることは $\|\mathbf{w}\|$ を最小にすることである．

その解を求めるために，まず次に示すラグランジュの未定乗数を導入し，$\mathbf{w}, b$ を推定する．

$$L(\mathbf{w}, \boldsymbol{\alpha}, b) = \frac{1}{2}\|\mathbf{w}\|^2 + \sum_{i=1}^{n} \alpha_i (1 - y_i(\mathbf{w}\mathbf{x}_i + b))$$

上記 $L(\mathbf{w}, \boldsymbol{\alpha}, b)$ を $\mathbf{w}, b$ で微分し，0 とすると

$$\frac{\partial L}{\partial \mathbf{w}} = \mathbf{w} - \sum_{i=1}^{n} \alpha_i y_i \mathbf{x}_i = 0$$

$$\frac{\partial L}{\partial b} = -\sum_{i=1}^{n} \alpha_i y_i = 0$$

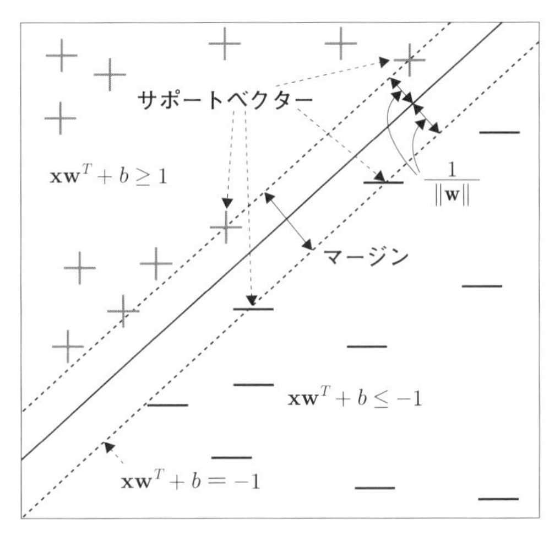

図 7.2 SVM の識別境界のイメージ

次の解が得られる．

$$\mathbf{w} = \sum_{i=1}^{n} \alpha_i y_i \mathbf{x}_i$$

$$\sum_{i=1}^{n} \alpha_i y_i = 0$$

この結果を $L(\mathbf{w}, \boldsymbol{\alpha}, b)$ に代入すると，$L(\mathbf{w}, \boldsymbol{\alpha}, b)$ は次となる．

$$L(\boldsymbol{\alpha}) = \sum_{i=1}^{n} \alpha_i - \frac{1}{2} \sum_{i=1}^{n} \sum_{j=1}^{n} \alpha_i \alpha_j y_i y_j \mathbf{x}_i^T \mathbf{x}_j$$

次に，上記の $L(\boldsymbol{\alpha})$ を最大とする推定値 $\hat{\boldsymbol{\alpha}}$ を求める．

$$\max\{L(\boldsymbol{\alpha})\} = \max \left\{ \sum_{i=1}^{n} \alpha_i - \frac{1}{2} \sum_{i=1}^{n} \sum_{j=1}^{n} \alpha_i \alpha_j y_i y_j \mathbf{x}_i^T \mathbf{x}_j \right\}$$

制約条件 $\alpha_i \geq 0$, $\sum_{i=1}^{n} \alpha_i y_i = 0$ の条件の下で，$\max\{L(\boldsymbol{\alpha})\}$ を最適化することにより $\hat{\boldsymbol{\alpha}}$ の推定値および $\hat{\mathbf{w}}, \hat{b}$, $\hat{f}(\mathbf{x})$ を求めることができる．この最適化問題は Karush–Kuhn–Tucker の条件の下で，以下の双対問題となり，二次計画法により求める（赤穂, 2008）．

$$\hat{\mathbf{w}} = \sum_{i=1}^{n} \hat{\alpha}_i y_i \mathbf{x}_i^T \mathbf{x}$$

$$\hat{b} = \frac{1}{2}\left\{\max_{y=-1}(\mathbf{x}\mathbf{w}^T) + \min_{y=1}(\mathbf{x}\mathbf{w}^T)\right\}$$

$$\hat{f}(\mathbf{x}) = \sum_{i=1}^{n} \hat{\alpha}_i y_i \mathbf{x}_i^T \mathbf{x} + \hat{b}$$

初期のSVMは2群線形分類器として提案されたが，多群分類にも用いるようになっている．

7.2.2 カーネル法

カーネル法 (kernel method) とは，特徴ベクトル $\mathbf{x}$ に対し，関数 $\phi(\mathbf{x})$ を用いた内積 $K(\mathbf{x}_i, \mathbf{x}_j) = \langle \phi(\mathbf{x}_i), \phi(\mathbf{x}_j) \rangle$ のような演算により得られるカーネル関数を用いたデータ分析法である．カーネル法によるSVMはカーネル $K(\mathbf{x}_i, \mathbf{x})$ を用いて次に示す線形関数で表される．

$$\hat{y} = \hat{f}(\mathbf{x}) = \sum_{i=1}^{n} \hat{\alpha}_i y_i K(\mathbf{x}_i, \mathbf{x}) + \hat{b}$$

広く用いられているカーネル関数としては次のものがあげられる．

内積カーネル：$K(\mathbf{x}_i, \mathbf{x}_j) = \mathbf{x}_i^T \mathbf{x}_j$

多項式カーネル：$K(\mathbf{x}_i, \mathbf{x}_j) = (\mathbf{x}_i^T \mathbf{x}_j + c)^d$

ガウスカーネル：$K(\mathbf{x}_i, \mathbf{x}_j) = \exp\left(-\frac{\|\mathbf{x}_i - \mathbf{x}_j\|^2}{\sigma^2}\right)$

ガウスカーネルはRBカーネル (radial basis kernel) ともよばれている．カーネル法による射影は線形的に分離できない空間を分離可能な空間に変換することができる場合がある．その例を図7.3に示す．図7.3(a)では，○と×は線形的に分離できないが，カーネル関数により射影された空間（図7.3(b)）では，○と×が平面で分離可能である．ここでは，$(x', y', z) = (x^2, y^2, \sqrt{2}xy)$ の変換を行っている．

このように低次元上で計算を行うテクニックによって高次元に写像す

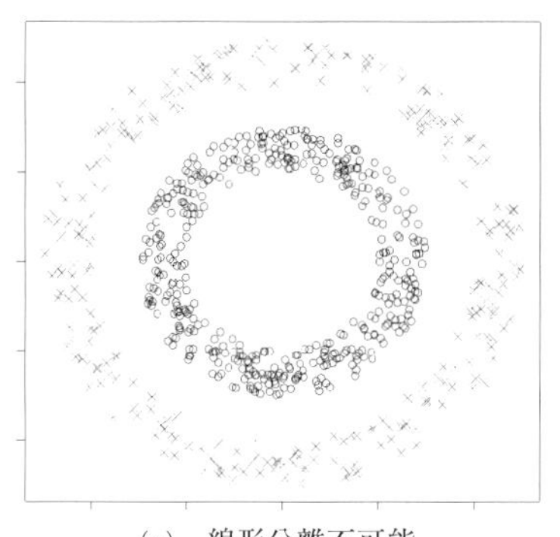

(a)　線形分離不可能

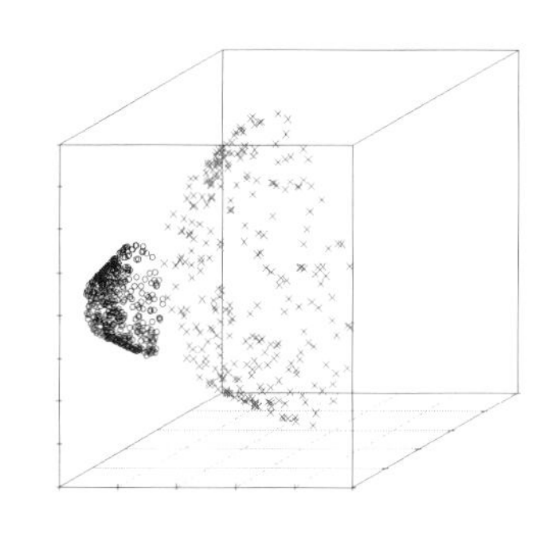

(b)　線形分離可能

図 7.3　非線形分離問題を写像により線形分離問題に変換する例

ることをカーネルトリックとよぶ．SVM では，カーネルトリックを利用し，非線形の問題を線形的アプローチで解決することを期待している．カーネル法を用いた SVM は，図 7.3 に示すようにサポートベクターのみに依存するため，高次元にも対応しやすい．しかし，すべての変数を用いてカーネルマトリックスを作成するため，特徴データ内に含まれるノイズが多いと期待通りの精度が得られない．SVM はテキスト分類に限らず多くの識別・判別・分類の問題に用いられるほど汎用性が高く，かつ精度も高い分類方法である．

7.3　ツリーモデル

ツリーモデルは，学習データを用いて，変数を分岐させる方法で分類のルールを構築するモデルである．説明のため図 7.4 に示す 2 つの変数（横軸 x_1，縦軸 x_2）を用いて 3 つのカテゴリに分類することを考えよう．1 本の直線（線形判別）では 3 つのクラスを正しく分類することは不可能である．しかし，図 7.4 のように座標軸と並行する 2 本の直線を用いると 3 つのクラスを完全に正しく分類することができる．

図 7.4 の 2 次元平面の分割は，図 7.5 のような図で表現することができる．図 7.5 は逆さにした木のような形状をしていることからツリーモデルとよび，分類の問題では決定木，回帰の問題では回帰木ともよぶ．

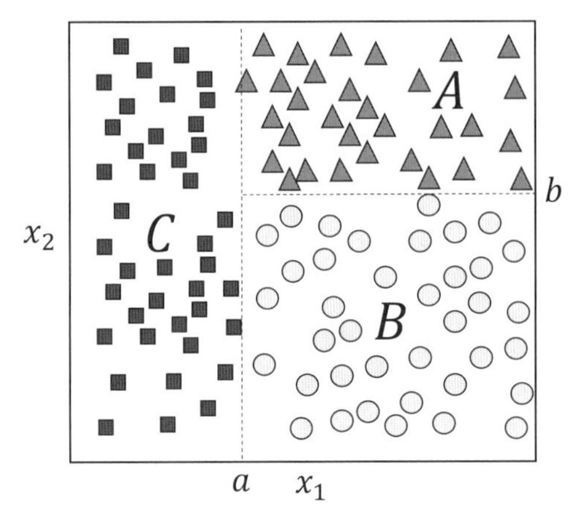

図 7.4　2次元平面の区間分割図

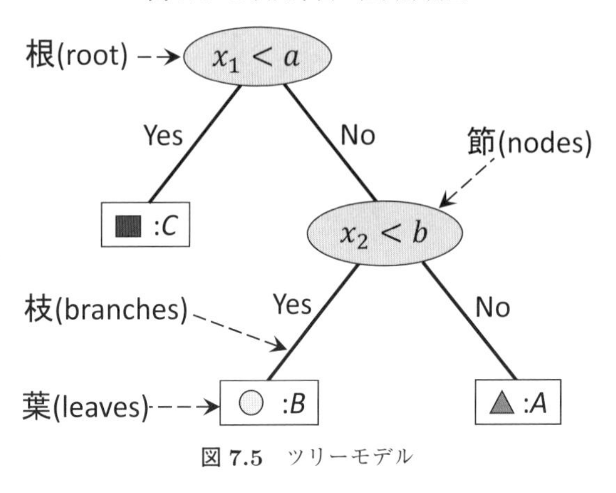

図 7.5　ツリーモデル

また，図7.4と図7.5は次のようなIF–THENルールで表現することも可能である．

IF $x_1 < a$ THEN C

IF $x_1 \geq a$ and $x_2 \geq b$ THEN A

IF $x_1 \geq a$ and $x_2 < b$ THEN B

ツリーモデルは，枝を増やすことで複雑な分類問題や回帰問題に適応させることが可能である．ツリーモデルは分類結果と変数との関係が考察できるため便利である．したがって，データマイニングの方法として広く用いられるようになっている．

ツリーモデルに関する研究は，1960 年代初頭までさかのぼるが，今日に広く用いられているツリーモデルは CHAID，C4.5/C5.0，CART をベースとした 3 種類のアルゴリズムである．

CHAID(chi-squared automatic interaction detection) は J. A. Hartigan によって 1975 年に発表された，上記の 3 種類の中で最も古いアルゴリズムであり，変数の分岐基準にカイ二乗統計量が用いられている．

C4.5/C5.0 は，オーストラリアの J. Ross Quinlan が機械学習のアプローチで 1986 年に発表した ID3(iterative dichotomiser 3) を改良・発展させたものである．C4.5/C5.0 は，2 分木に限らない．C4.5/C5.0 では，利得比 (gain ratio) を用いている．主に判別分析に用いられている．

CART(classification and regression tree) は，カリフォルニア大学の Breiman やスタンフォード大学の Friedman らが 1970 年代初めごろから共同研究を始め，1980 年代初めごろに公開したアルゴリズムである．CART は 2 分木を生成する．

これらの樹形モデルのアルゴリズムはそれぞれ特徴をもっており，どのアルゴリズムが優れているかは評価しがたい．本書では，CART について説明する．CART は，木をあらかじめ何の制限もせずに生長させ，データと対話しながら木の剪定を行う方法をとっている．

CART では分岐する変数を選択する際に不純度 (impurity) という指標を用いる．不純度は，変数を分岐する前と分岐させた後の誤差の改善の度合を示す指標であり，次の式で定義されている．

$$\Delta \mathrm{GI}(t) = P_t \mathrm{GI}(t) - P_L \mathrm{GI}(t_L) - P_R \mathrm{GI}(t_R)$$

P_t, P_L, P_R はそれぞれ分割する前，分割した後の左側，分割した後の右側における各クラスに分類されている個体の比率である．

式の中の $\mathrm{GI}(t)$ は，次に示す頂点 t における Gini 係数（Gini 分散指標：Gini diversity index）である．Gini 係数の替わりにシャノンのエントロピーを用いることも可能である．

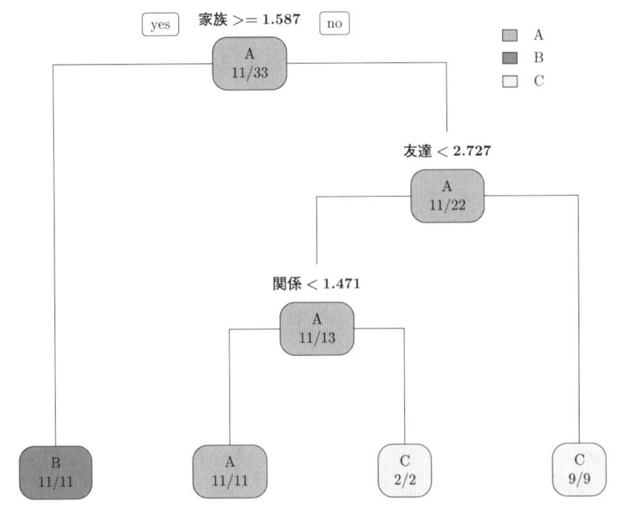

図 7.6 3 種類の作文のツリーモデル

$$\mathrm{GI}(t) = 1 - \sum_i p(k|t)^2$$

$$\mathrm{entropy} = -\sum_k p(k|t)\log_2 p(k|t)$$

式の中の $p(k|t)$ は，頂点 t 内のクラス k が正しく分類されている比率である．$\mathrm{GI}(t_L)$, $\mathrm{GI}(t_R)$ は，それぞれ頂点 t の左側と右側の枝の Gini 係数である．

不純度の計算の例として，3 種類（A：住まい，B：家族，C：友達）の作文 33 編（それぞれ 11 編）を用いる．作文をテーマごとに分類することを前提とするため，作文の中から抽出した名詞を変数とする．ここでは，出現頻度が高い 46 種類とそれ以外を「その他」にまとめた．47 の変数を用いて作成したツリーモデルの結果を図 7.6 に示す．

このツリーモデルは，47 の変数の中から分類に最も役に立つ 3 語（家族，友達，関係）を見つけ出し，分類ルールを構築している．図の中の「家族>=1.587」は，語「家族」の使用率が 1.587% 以上であることを意味する．

根の部分の 3 つのクラスの $p(k|t)$ 値は $p(A|t) = 1/3$, $p(B|t) = 1/3$,

$p(C|t) = 1/3$ であるため，Gini 係数は

$$\mathrm{GI}(t) = 1 - \{p(A|t)^2 + p(B|t)^2 + p(C|t)^2\} = 1 - 3 \times \frac{1}{9} = 0.6667$$

である．頂点 1「家族」の左側と右側の Gini 係数は，

$$\mathrm{GI}(t_L) = 1 - \left\{ \left(\frac{0}{11}\right)^2 + \left(\frac{11}{11}\right)^2 + \left(\frac{0}{11}\right)^2 \right\} = 0$$

$$\mathrm{GI}(t_R) = 1 - \left\{ \left(\frac{11}{22}\right)^2 + \left(\frac{0}{22}\right)^2 + \left(\frac{11}{22}\right)^2 \right\} = 0.5$$

であり，分割前の P_t は 1，分割後の左側と右側の比率 P_L と P_R はそれぞれ $P_L = 11/33 = 0.3333$，$P_R = 22/33 = 0.667$ である．したがって，頂点 1（家族）の不純度は次の値になる．

$$\Delta\mathrm{GI}(t) = 1 \times 0.6667 - 0.3333 \times 0 - 0.6667 \times 0.5 = 0.3334$$

第 2 頂点（友達）の場合の不純度の計算過程を次に示す．

$$\mathrm{GI}(t) = 1 - \left\{ \left(\frac{11}{22}\right)^2 + \left(\frac{0}{22}\right)^2 + \left(\frac{11}{22}\right)^2 \right\} = 0.5$$

$$\mathrm{GI}(t_L) = 1 - \left\{ \left(\frac{11}{13}\right)^2 + \left(\frac{0}{13}\right)^2 + \left(\frac{2}{13}\right)^2 \right\} = 0.2604$$

$$\mathrm{GI}(t_R) = 1 - \left\{ \left(\frac{0}{9}\right)^2 + \left(\frac{0}{9}\right)^2 + \left(\frac{9}{9}\right)^2 \right\} = 0$$

$$P_t = 22/33 = 0.6667, \quad P_L = 13/22 = 0.5909, \quad P_R = 9/22 = 0.4091$$

$$\Delta\mathrm{GI}(t) = 0.6667 \times 0.5 - 0.5909 \times 0.2604 - 0.4091 \times 0 = 0.1795$$

このように頂点 1（家族）の不純度は頂点 2（友達）の不純度より高い．CART では，用いた変数について，このように不純度を計算し，不純度が最も高い変数を選択して分岐を行い，木を生長させる．

木の枝を増やすことで，分類の精度を高めることは可能であるが，そのモデルをテストデータに当てはめたとき精度がよくなるとは限らない．モ

デルの適応性を高めるためには，生長しすぎた枝を適切に切り落とす剪定作業が必要である．ツリーモデルは決して精度が高い方法ではない．しかし，分岐の過程を視覚化できるのが魅力的である．

ツリーモデルを用いた精度を向上させる方法としては次節で説明するアンサンブル学習法がある．

7.4 アンサンブル学習

アンサンブル学習 (ensemble learning) は，決して精度が高くない複数の弱分類器の結果を統合することで，精度を向上させる機械学習の方法である．弱分類器として前節で説明したツリーモデルが多く用いられている．複数の結果の統合・組み合わせの方法として，分類の問題では多数決，回帰の問題では平均が多く用いられている．代表的な方法としてはバギング (bagging)，ブースティング (boosting)，ランダムフォレスト (RF: random forest) がある．本節ではブースティング法とバギングを発展させたランダムフォレストについて説明する．ランダムフォレスト法は，バギングやブースティングより計算が速いだけではなく，分類の精度も高いか同等であることが実証されている．

7.4.1 ブースティング

ブースティングは，学習データを用いて学習を行い，その学習結果を踏まえて逐次に重みの調整を繰り返すことで複数の学習結果を求め，その結果を統合・組み合わせ，精度を向上させる．

ブースティングの中で最も広く知られているのは AdaBoost というアルゴリズムである．エイダブースト，またはアダブーストとよむ．AdaBoost は，Freund and Schapire(1995, 1996) によって提案された．その後，いくつかの方法（Discrite AdaBoost，Gentle AdaBoost，Real AdaBoost，Logit AdaBoost，Modest AdaBoost，勾配ブースティング xgboost 等）が提案されている．そのすべてのアルゴリズムの詳細は説明できないため，本書では AdaBoost.M1 というアルゴリズムをアルゴリズム

アルゴリズム 7.1　AdaBoost.M1

学習データセット $(\mathbf{x}_i, y_i), i{=}1, 2, \ldots, N$,　$\mathbf{x}_i{\in}X, y_i{\in}Y{=}\{1, 2, 3, \ldots, k\}$,
分類器 $h(x)$ があるとする．

1: 任意の i に対し重みの初期値を $w_i^1 = 1/N$ とする．

2: 以下の a〜e を T 回繰り返す（一般的には $T > 100$）

a: $p_i^t = w_i^t / \sum_{i=1}^{N} w_i^t$

b: 学習データに対し $\hat{y} = h_t(X)$ を構築する．

c: 重み付き誤分類を計算する．$\varepsilon_t = \sum_{i=1}^{N} p_{i=1}^t [h_t(\mathbf{x}_i) \neq y_i]$

d: もし $\varepsilon_t > 1/2$ であれば $T = t - 1$ にしループを打ち切る．

e: $\beta_t = \varepsilon_t / (1 - \varepsilon_t)$ にし，重みを更新する．$w_i^{t+1} = w_i^t \beta_t^{1-[t_t(\mathbf{x}_i) \neq y_i]}$

3: 重み付き多数決で結果を出力する．

$$F_{\mathrm{Adaboost.M1}}(x) = \arg\max \sum_{t=1}^{T} \log \frac{1}{\beta_t} [h_t(X) = y]$$

7.1 に示す．

提案されたいくつかのアルゴリズムの大きな違いは，重みの初期値の与え方，重みの更新の方法等である．

7.4.2　ランダムフォレスト

ランダムフォレストは，バギングの提案者 Breiman がバギングを改良したアルゴリズムである (Breiman, 2001)．ランダムフォレストは大量のデータマイニングに適している．ランダムフォレストのアルゴリズムをアルゴリズム 7.2 に示す．データセットの中の変数の数を M で示す．

(1)　ランダムフォレストのアルゴリズム

アルゴリズム 7.2 のように，ランダムフォレストでは個体と変数ともランダムサンプリングしてツリーモデルを作成して，多数決をとっている．そのため，個体数と変数の数がある程度大きいときに有効である．また，

アルゴリズム 7.2　ランダムフォレスト

1: 用いるデータセットから b セットのブートストラップサンプル B_1, $B_2, \ldots, B_b$ を作成する．ただし，構築したモデルを評価するために約 1/3 のデータを取り除いてサンプリングする．取り除いたデータを OOB(out-of-bag) データとよぶ．
2: $B_k(k = 1, 2, \cdots, b)$ における M 個の変数の中から m 個の変数をランダムサンプリングする．m は M より小さい値であり，$m = \sqrt{M}$ が多用されている．
3: ブートストラップサンプル B_k の m 個の変数を用いて未剪定の最大のツリーモデル T_k を生成する．
4: b 個のブートストラップサンプル B_k のツリーモデル T_k について，OOB データを用いてテストを行い，推定誤差を求める（OOB 推定誤差とよぶ）．b 個の結果を統合し，新しい予測・分類器を構築する．統合には，回帰の問題では平均，分類の問題では多数決を用いる．

各グループの個体の数もある程度バランスがとれることが望ましい．個体数が少ないグループと多いグループがあると，乱数によってサンプリングされたデータセットの個体のバランスが崩れる可能性がある．ランダムサンプリングする際，各グループの個体数に比例するようにサンプリングするのが望ましいが，現時点で公開されている多くのソフトは，そこまで工夫されていないのが現状である．テキストデータの場合は一般的に変数が多いため，ランダムフォレストを用いるのに適している．ただし，特徴をもっている変数が数個に偏り，それ以外の変数は特徴が顕著でないデータにおいては，ランダムフォレストのパフォーマンスが実感できない場合がある．

ランダムフォレストの分析を行うときに，いくつの木を用いるべきかに関しては，解析結果の OOB 誤判別率の履歴を見ながら決めることが必要である．OOB エラーとは学習結果を OOB データでテストした結果の誤り率である．多くのソフトの初期設定の木の数は 500 になっている．

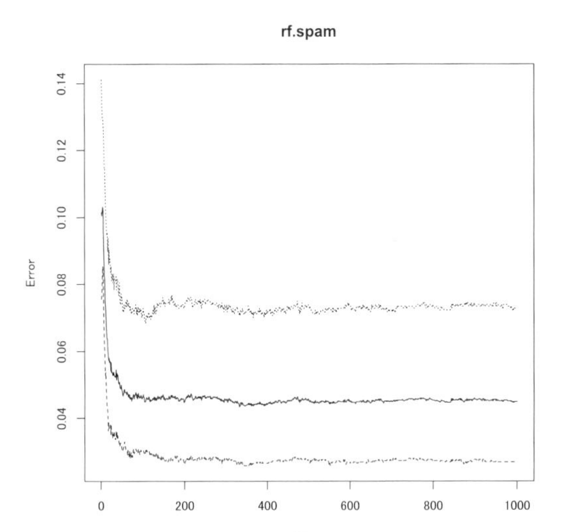

図 7.7 木の数と推定エラー誤との関係

アルゴリズムに乱数を用いた場合，結果は乱数に依存する．したがって，再び同じコマンドを実行しても返される結果が異なる場合がしばしばである．ランダムフォレストで乱数になるべく依存しない結果を得るためには，木の数を十分多くすることが一つの解決策である．

木の数と精度の関係は，図 7.7 に示すような木の数と OOB データの推定エラー率の関係から読み取ることができる．図 7.7 の縦軸は OOB データの誤り率であり，横軸は木の数である．図 7.7 は，メールから抽出した 57 個の記号，単語を用いてスパムメールを判別した結果である．3 つの折れ線の中で，上下の線はそれぞれスパム，非スパムの誤判別率であり，それに挟まれた中央の線は，全体の誤判別率である．図 7.7 から，用いたデータにおいては木の数が 100 の場合は明らかに誤り率が安定していないが，800 を超えると安定しているように見受けられる．

(2) 変数の重要度

ランダムフォレストでは変数の重要度を計算して返す．変数の重要度の結果を視覚化した例を図 7.8 に示す．この重要度の計算は，OOB データ

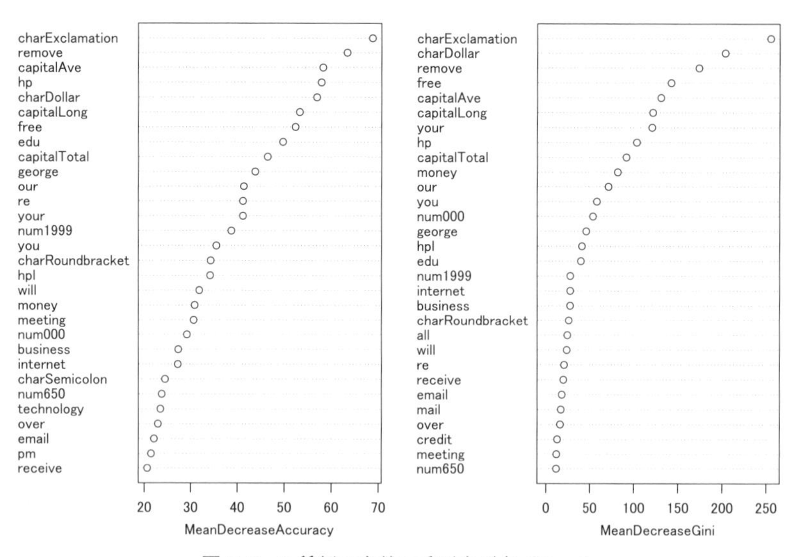

図 7.8 2種類の変数の重要度頂点プロット

における一つひとつの変数をランダムにシャッフルし，モデルのテストを行い，シャッフル前後の誤判別率の差分，または Gini 係数の差分を比較する方法で算出する．差分が大きいほどその変数が重要と判断する．

7.5 ニューラルネットワーク

我々人間の脳には約 140 億個のニューロン（神経細胞）があり，それぞれのニューロンはある規則に従い結合され神経回路を形成しているといわれている．大脳皮質の薄い切片を肉眼で見えるように処理したものを図 7.9 に示す．こうして見えるのは神経細胞の数 % に過ぎないそうである．

7.5.1 ニューラルネットワークとは

神経細胞が結ばれた神経回路をモデル化したものを人工ニューラルネットワーク，通常略してニューラルネットワークとよんでいる．ニュー

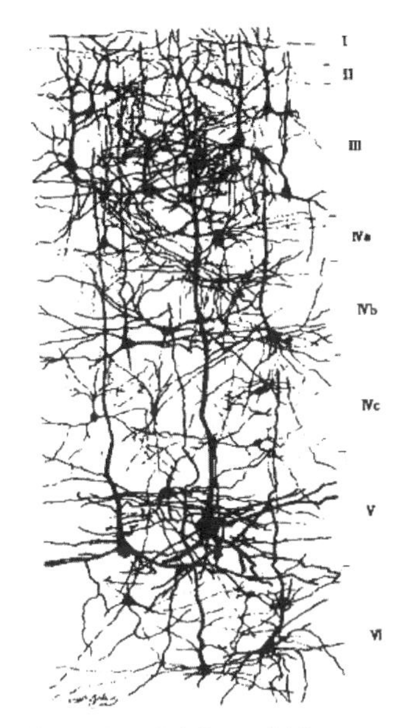

図 7.9　神経細胞の結合状況の標本 (Conel, 1959)

ラルネットワークに関する研究の発端は，1943 年の W. S. McCulloch と W. H. Pitts の研究にさかのぼる．その後数回の研究ブームの起伏を経て研究が進められてきた．

神経回路を構成する最小単位である神経細胞（ニューロン）は細胞体，軸索，樹状突起，シナプス (synapse) により構成されている．細胞体は，他の細胞から送られた信号を処理し，ある条件を満たすと次のニューロンに信号を送る．軸索はニューロンの出力信号を次のニューロンに送る経路であり，樹状突起は信号を受け取り細胞体に転送する経路である．軸索，樹状突起は細胞体から多数分布した樹状の線維の集まりであるが，軸索は樹状突起より長く伸びている特徴がある．シナプスは軸索の先に付いた粒状のもので，他のニューロンの樹状突起と接続・切断する機能を果たす．ニューロンとニューロンの間ではシナプスという接触点を通じて結び付けられ信号の転送を行う．軸索から流れる電気信号を神経インパルスとよび，略してインパルスとよぶ．

このようなニューロンが多数並列に接続されたことをイメージし，数理

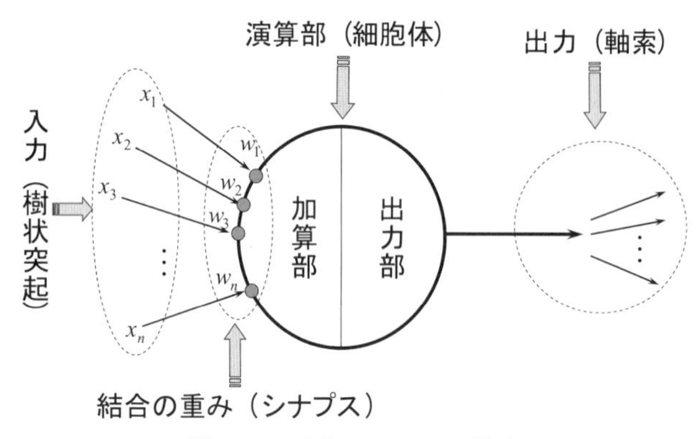

図 7.10 形式ニューロンの構造

的にモデル化したものがニューラルネットワークである．ニューラルネットワークの構成要素は形式ニューロンである．形式ニューロンはニューロンの数理的モデルで，ニューロンの

- 樹状突起とシナプスによる情報の修飾
- 細胞体内での信号の加算
- 出力信号の生成

に着目しモデル化している．形式ニューロンの構造を図 7.10 に示す．

図 7.10 の $x_1, x_2, x_3, \ldots, x_n$ は樹状突起による入力信号で，$w_1, w_2, w_3, \ldots, w_n$ はそれぞれ入力信号に対応するシナプスの結合の重みである．加算部ではそれぞれの入力値 x_i に重み w_i を掛けた代数和 $u = \sum_{i=1}^{n} w_i x_i + w_0$ を求め，出力部は出力信号 $f(u)$ を生成する．ニューラルネットワークはこのような形式ニューロンの相互結合により情報の転送・処理を行う．形式ニューロンでの入力と出力との関係は，通常次のような階段型関数

$$y = f(u) = \begin{cases} 1 & u \geq \theta \\ 0 & u < \theta \end{cases}$$

あるいは，次のような S 字型関数

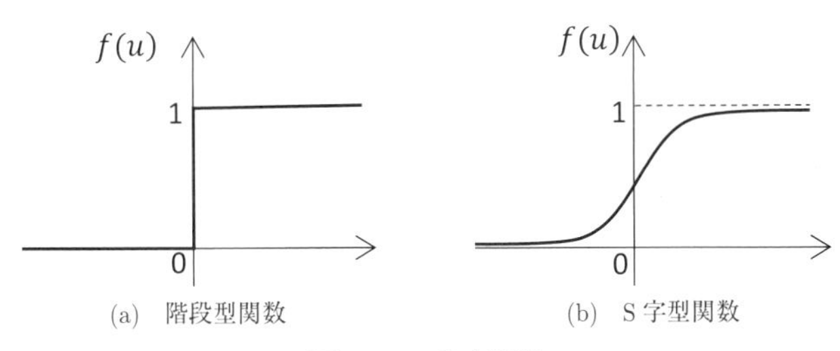

(a)　階段型関数　　(b)　S 字型関数

図 7.11　出力関数

$$y = f(u) = \frac{1}{1 + e^{-u}}, \quad \text{ただし } u = \sum_{i=1}^{n} w_i x_i + w_0 \text{ である}$$

で表される．それぞれの関数のグラフを図 7.11 に示す．

出力関数 $y = f(u)$ は u の関数であり，u は入力変数 x_i と重み w_i の線形結合である．$y = f(u) = 1/[1 - \exp(-u)]$ によるモデルは，ロジスティック判別モデルである．このように形式ニューロンを用いた計算モデルをパーセプトロン (perceptron) とよぶ．

7.5.2　階層ニューラルネットワーク

複数の形式ニューロンがネットワーク状に結合した計算モデルをニューラルネットワークとよぶ．その結合の仕方によりニューラルネットワークの構造が決まり，構造が異なるとネットワークの機能と特徴もまた異なる．このネットワーク構造をネットワークモデルという．パターン認識の分野で多く用いられているのは階層型ネットワークである．階層型ネットワークは複数のニューロンが図 7.12 のように階層的に結合した構造をとっている．ただし，中間層は 1 層とは限らない．図 7.12 ではニューロンが 3 層に並んでおり，入力層と中間層（隠れ層ともよぶ）の各ユニットの出力は次の層のすべてのユニットにリンクされている．このようなモデルを階層的完全結合型とよぶ．階層型は，すべて完全結合とは限らない．

図 7.12 の単一中間層モデルは，次の式で定式化することができる．

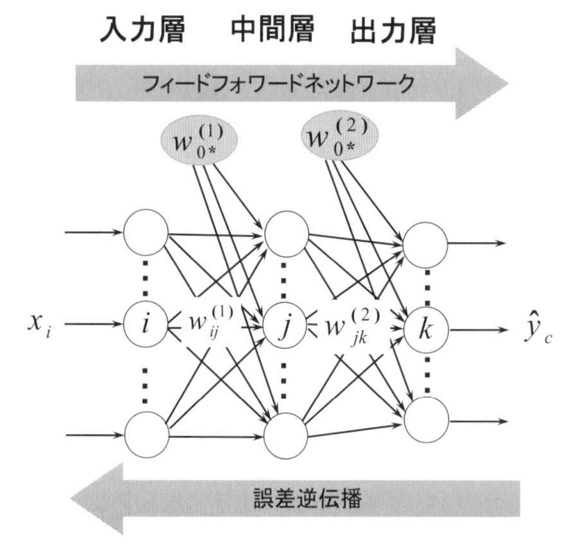

図 7.12　3層完全結合をもつ階層型ニューラルネットワーク

$$\hat{y}_k = f(\mathbf{x}_i, \mathbf{w}) = f\left(\sum_{j=1}^{m} w_{jk}^{(2)} f\left(\sum_{i=1}^{p} w_{ij}^{(1)} x_i + w_0^{(1)}\right) + w_0^{(2)}\right)$$

式の中の $w_{ij}^{(1)}$ は入力層と中間層との結合，$w_{jk}^{(2)}$ は中間層と出力層との結合の重みである．

各層の重み $\mathbf{w}$ の推定値は次の誤差関数を最小にすることで求めることができる．ここの N はサンプルサイズである．

$$E(\mathbf{w}) = \frac{1}{2}\sum_{k=1}^{N}(y_i - \hat{y}_i)^2$$

ニューラルネットワークでは，誤差を最小にする重み $\mathbf{w}$ をどのように求めるかが主な課題である．重みの計算には勾配降下法による繰り返し代入により次に示すように求める手法が最も多く用いられている．

$$\mathbf{w}(t+1) \leftarrow \mathbf{w}(t) - \eta \frac{\partial E(\mathbf{w})}{\partial \mathbf{w}(t)}$$

式の中の $\mathbf{w}(t)$ は t 回更新された重み行列であり，η は一回の更新で修正量を決める学習率のパラメータ (learning rate parameter) である．詳しくは専門的な文献を参照されたい（ビショップ，2007）．

図 7.12 のような階層的ニューラルネットワークは変数の数と層の増加に伴い，計算量が急速に増加し，局所最適解や勾配消失などの技術的な問題によって充分学習させられず，性能も芳しくなかった．このようなこともあり 1990 年代までは，1 つまたは 2 つの隠れ層を用いるのが現状であった．

ニューラルネットワークのブームの再起には Hinton らの貢献が大きい (Hinton and Salakhutdinov, 2006)．コンピューターの計算能力の向上とアルゴリズムの改良により 4 層以上の深層ニューラルネットワークが計算できるようになり，深層学習（ディープラーニング：deep learning）の名でニューラルネットワークが再度注目を浴びるようになった．主には画像・音声認識を対象とする問題に対し，他の手法より高い性能を示している．自然言語処理でも深層学習による最新研究が多数公開されているが，それに比べテキストアナリティクスに関する研究成果は少ない．

7.6　モデルと結果の評価

7.6.1　交差確認法

分類器の精度の評価には，学習データを用いてモデルを作成し，テストデータを用いてモデルを評価するのが一般的である．データセットの中から，学習用のデータとテスト用のデータに分け，検証を繰り返す方法として交差確認法がある．交差確認法は，データ標本を k 等分し，その中の 1 個をテスト用，残りの $k-1$ 個を学習用とし，すべてに 1 回のテストの機会が与えられるように k 回の学習とテストを行う．この方法を k フォールド交差確認法 (k-fold cross validation) とよぶ．k フォールド交差確認の k が標本サイズと等しいときには，1 個抜きの交差確認法 LOOCV(leave-one-out cross-validation) に相当する．LOOCV は従来の小サンプルデータの交差確認でよく用いられていた方法である．

学習と OOB データを用いたテストも交差確認である．OOB データを用いたテストを繰り返す回数を多くすることで，信憑性が高い結果を得ることが可能である．

7.6.2 分類結果の評価指標

カテゴリ A における分類結果は，表 7.1 のような混同表 (confusion matrix) で示すことができる．表の中の TP, FP, FN, TN はそれぞれ True Positive, False Positive, False Negative, True Negative の略である．医学などの分野では，それぞれ真陽性，偽陽性，偽陰性，真陰性とよぶ．

(1) 正解率

分類結果は，一般的に正解率 (accuracy) を用いて評価する．

$$\text{正解率：Accuracy} = \frac{a+d}{a+b+c+d},\quad \text{誤分類率：} 1 - \text{Accuracy}$$

(2) 再現率と適合率

テキストアナリティクスの分野では再現率 (recall) と適合率 (precision) を用いる場合がある．

再現率は，分類器がどのくらい「漏れ」なく正しく分類しているかに関する次の式で定義されている．感度，真陽性率 (TPR: true positive rate) ともよぶ．

$$\text{再現率：} R = \frac{a}{a+c},\quad \text{TPR} = \frac{\text{TP}}{\text{TP}+\text{FN}}$$

適合率は分類器の分離結果に混入された「ゴミ」に対する的中率である．その定義を次に示す．適合率は，陽性的中値（率）(PPV: positive predictive value) ともよばれている．

$$\text{適合率：} P = \frac{a}{a+b},\quad \text{PPV} = \frac{\text{TP}}{\text{TP}+\text{FP}}$$

陽性的中値に対し，陰性的中値（率）(NPV: negative predictive value) がある．陰性的中値は，分類器によって分類された陰性ケースの中での実際に陰性であったケースの比率である．

表 7.1 カテゴリ A_c の分類結果の混同表

カテゴリ A_c		分類器の結果	
		陽性 (Positive)	陰性 (Negative)
実測結果	陽性 (Positive)	a (TP)	c (FN)
	陰性 (Negative)	b (FP)	d (TN)

a は A_c に属するものを分類器が A_c に属すると分類した数
b は A_c に属さないものを分類器が A_c に属すると分類した数
c は A_c に属するものを分類器が A_c に属さないと分類した数
d は A_c に属さないものを分類器が A_c に属さないと分類した数

$$\mathrm{NPV} = \frac{\mathrm{TN}}{\mathrm{TN} + \mathrm{FN}} = \frac{d}{d + c}$$

複数のカテゴリ $A_1, A_2, \ldots, A_i, \ldots, A_m$ の分類の問題では，評価指標として再現率，適合率のマクロ平均 (macro-average)

$$再現率：R = \frac{1}{m}\sum_{i=1}^{m}\frac{a_i}{a_i + c_i}, \quad 適合率：P = \frac{1}{m}\sum_{i=1}^{m}\frac{a_i}{a_i + b_i}$$

あるいはマイクロ平均 (micro-average)

$$再現率：R = \frac{\sum_{i=1}^{m} a_i}{\sum_{i=1}^{m}(a_i + c_i)}, \quad 適合率：P = \frac{\sum_{i=1}^{m} a_i}{\sum_{i=1}^{m}(a_i + b_i)}$$

が用いられている．

(3) F_β 値

再現率と適合率を折衷した評価指標として F_β 値 (F_β-measure) がある．F_β 値は次のように定義されているが，通常 $\beta = 1$ である F_1 が用いられている．

$$F_\beta = \frac{(\beta^2 + 1) \times P \times R}{\beta^2 \times P + R}, \quad F_1 = \frac{2 \times P \times R}{P + R}$$

たとえば，分類器による分類結果を集計した混同行列が表 7.2 であるとする．表 7.2 のカテゴリ A のみを集計すると表 7.3 のとおりになる．

カテゴリ A の再現率と適合率はそれぞれ次の値になる．

表 7.2 分類結果の混同行列の例

		分類の結果		
		A	B	C
データ	A	9	1	1
	B	0	10	1
	C	1	0	10

表 7.3 カテゴリ A の混同行列

カテゴリ A		分類器の結果	
		YES	No
データ	YES	9	2
	No	1	21

$$R_A = \frac{a_A}{a_A + c_A} = \frac{9}{9+2} = \frac{9}{11} = 0.8182,$$

$$P_A = \frac{a_A}{a_A + b_A} = \frac{9}{9+1} = \frac{9}{10} = 0.9$$

カテゴリ B では $a_B = 10$，$c_B = 1$，$b_B = 1$ であるため再現率と適合率はそれぞれ $R_B = 10/11 = 0.9091$, $P_B = 10/11 = 0.9091$ であり，カテゴリ C では $a_C = 10$, $c_C = 1$, $b_C = 2$ であるため，再現率と適合率はそれぞれ $R_C = 10/11 = 0.9091$, $P_C = 10/12 = 0.8383$ である．

これらの再現率のマクロ平均は $R = (0.8182 + 0.9091 + 0.9091)/3 = 0.8788$，適合率のマクロ平均は $P = (0.9+0.9091+0.8383)/3 = 0.8825$ である．したがって，表 7.2 の混同行列の F_1 値は $\frac{2\times0.8788\times0.8825}{0.8788+0.8825} = 0.8806$ である．

再現率のマイクロ平均は $R = \frac{9+10+10}{11+11+11} = 0.8788$，適合率のマイクロ平均は $P = \frac{9+10+10}{10+11+12} = 0.8788$ である．このように分類問題では，再現率のマイクロ平均，適合率のマイクロ平均，マイクロ平均の F_1 値，正解率の四者は等しい．

分類あるいは検索システムでどの指標を重要視するかは目的によって異なる．たとえば，スパムメールを識別するシステムでは，スパムメールからみた場合の再現率を高めようとすると正常のメールがスパムメールとして誤判別され適合率が下がるリスクを伴う．正常のメールがスパムメールとして誤判別されることは望ましくない．したがって，再現率が若干低くなるのもやむをえない．

(4) ROC と AUC グラフ

再現率は感度 (sensitivity) ともよぶ．1 から感度を引いた値を偽陰性率 (FNR：false negative rate) とよぶ．これは分類器が陰性と分類した陽性のケースの比率である．

$$\mathrm{FNR} = 1 - \mathrm{Sensitivity} = \frac{\mathrm{FN}}{\mathrm{TP} + \mathrm{FN}} = \frac{c}{a + c}$$

これに対し，カテゴリ A_c 以外のものを正しく分類器が分類しているかに関する度合として特異度がある．特異度 (specificity) は次のように示される．特異度は真陰性率 (TNR：true negative rate) と呼ぶ．

$$\text{特異度：Specificity} = \frac{d}{b + d}, \quad \mathrm{TNR} = \frac{\mathrm{TN}}{\mathrm{FP} + \mathrm{TN}}$$

1 から特異度を引いた値を偽陽性率 (FPR：false positive rate) ともよぶ．これは分類器が陽性と分類した陰性のケースの比率である．

$$\mathrm{FPR} = 1 - \mathrm{Specificity} = \frac{\mathrm{FP}}{\mathrm{FP} + \mathrm{TN}} = \frac{b}{b + d}$$

感度を縦軸，$1 - \mathrm{Specificity(FPR)}$ を横軸にしたグラフを ROC(receive operating characterisitics) グラフ，両値が対応する点を連結して作成される線を ROC 曲線とよぶ．また，その曲線の下側の面積を AUC(area under the curve) とよぶ．これらを図 7.13 に示す．

ROC と AUC は，2 つの分布の一致度を考察するのに適している．分類においては，観測の結果と分類器の分類結果の一致の度合の分析に用いる．ROC が負の対角線になると分類がまったくできていないことを意味し，AUC の値が大きいほど両分布がかけ離れているので，分類性能がよいと評価される．

(5) カッパ係数

表 7.1 のような混同表の主対角線の値 (P_o) とその期待値 (P_e) を用いて次の式で計算された値を Cohen の Kappa 係数，略してカッパ係数とよぶ．

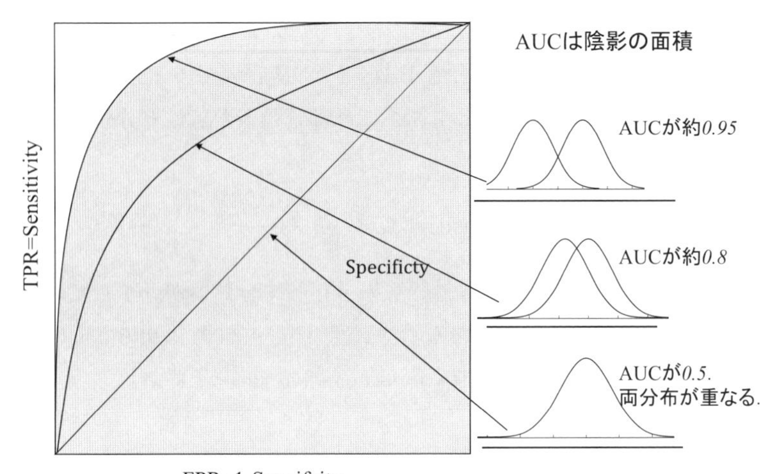

図 7.13 ROC 曲線と AUC グラフ

$$
\begin{aligned}
\text{Kappa} &= \frac{P_o - P_e}{1 - P_e}, \\
P_o &= \left(\sum_{i}^{K} \sum_{i}^{K} \text{CM}_{ii} \right) \Bigg/ \text{CM}_{++}, \\
P_e &= \left(\sum_{i}^{K} \sum_{i}^{K} \text{CM}_{i+}\text{CM}_{+i}/\text{CM}_{++} \right) \Bigg/ \text{CM}_{++}
\end{aligned}
$$

式の中の CM は混同表であり，CM_{i+} は混同表の第 i 行の合計，CM_{+i} は混同表の第 i 列の合計，CM_{++} は混同表の総合計である．

一般的には，カッパ係数は正解率より低めになる．

7.7 いくつかの分類器の比較

すでに触れたように分類器は数多く提案されている．ここでは，k 近傍法 (k_NN: $k = 7$)，ナイーブベイズ法 (NBayes)，CART の Gini 係数 (rp_Gini)，CART のエントロピー (rp_Entr)，決定木 C5.0(C50)，バギング (Bagg)，ブースティングの一種エイダブースト (Boost)，ランダムフォレスト (RF)，多項式カーネルによる SVM (svm_Poly)，ガウシアンカーネルによるSVM(svm_Rad)，ロジスティック判別 (Logit)，1層の隠れ層のニューラルネットワーク (aveNNet)，隠れ層を `hidden=c(250, 500, 100, 50, 20)` にした深層学習ニューラルネットワーク h2o(DNNet) の計13種類の機械学習アルゴリズムを用いて比較を行う．

7.7.1 スパムメール

電子メールが日常の生活と切り離すことができない時代になりつつある．スパムメールとは，受信側が望んでいない広告，または迷惑メールの総称である．ITの普及に伴い，スパムメールがどんどん増えている．メールの文面もテキストである．テキスト分類の方法でスパムと非スパムメールに分類する例を次に示す．

Rパッケージ `kernlab` の中に4601通の英文メール（スパム1813，非スパム2788）データがある．データspamは57個の特徴項目（単語，数値，記号）について集計したデータである．10フォールド交差確認法の正解率の箱ひげ図を図7.14に示し，その要約を表7.4に示す．

分類器の結果における差の統計的有意性を考察するため，平均プロットを図7.15に示す．エラーバーは95%の信頼区間である．図7.15から

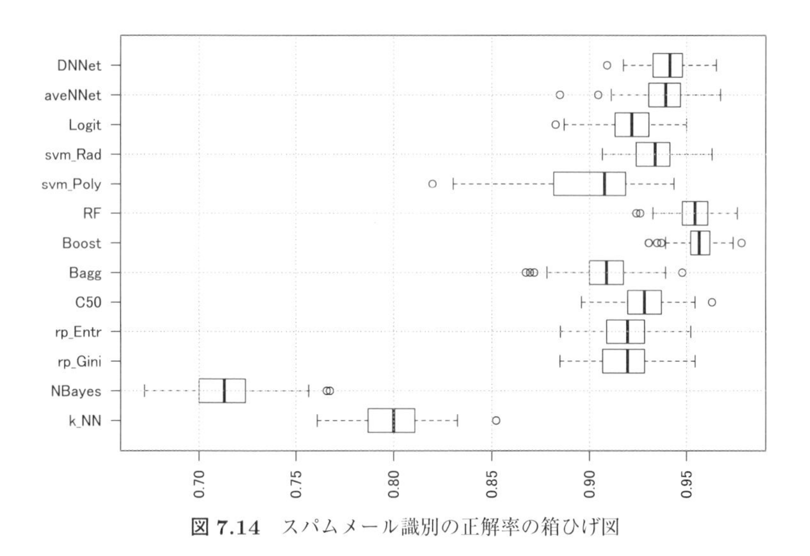

図 7.14 スパムメール識別の正解率の箱ひげ図

表 7.4　スパムメール識別の正解率の要約

	Min.	1st Qu.	Median	Mean	3rd Qu.	Max.
k_NN	0.7739	0.7875	0.8011	0.7979	0.8082	0.8152
NBayes	0.6804	0.7023	0.7163	0.7131	0.7217	0.7500
rp_Gini	0.8913	0.9087	0.9207	0.9181	0.9239	0.9391
rp_Entr	0.8913	0.9092	0.9217	0.9181	0.9272	0.9370
C50	0.9152	0.9288	0.9326	0.9309	0.9359	0.9413
Bagg	0.8957	0.9000	0.9033	0.9085	0.9174	0.9262
Boost	0.9391	0.9462	0.9533	0.9541	0.9620	0.9739
RF	0.9435	0.9463	0.9511	0.9524	0.9538	0.9739
svm_Poly	0.8522	0.8777	0.8870	0.8865	0.8925	0.9283
svm_Rad	0.9130	0.9283	0.9337	0.9326	0.9403	0.9478
Logit	0.8891	0.9158	0.9250	0.9207	0.9337	0.9391
aveNNet	0.9217	0.9326	0.9435	0.9413	0.9516	0.9523
DNNet	0.9283	0.9380	0.9500	0.9452	0.9522	0.9565

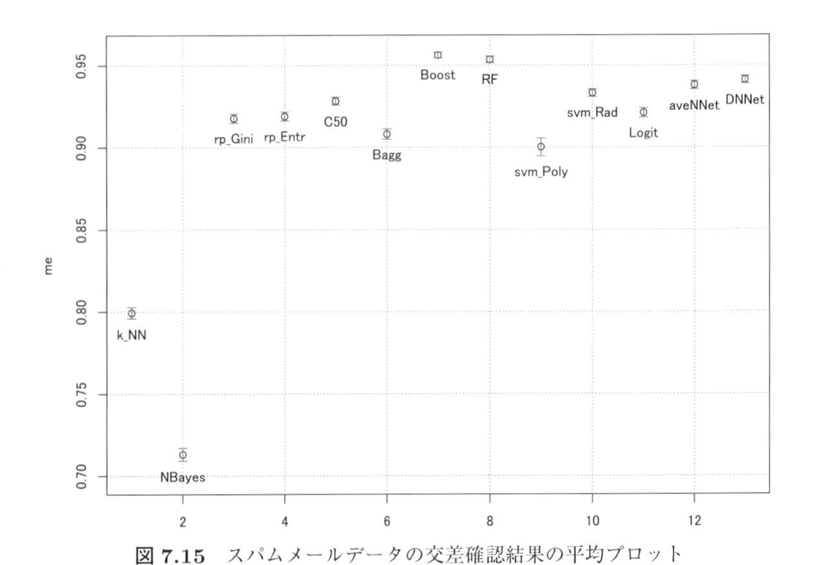

図 7.15　スパムメールデータの交差確認結果の平均プロット

わかるように正解率が最も高い Boost と RF には有意な差が認められない．また，従来の 1 層の隠れ層のニューラルネットワーク (aveNNet) と 5 層の深層学習 (h2o; DNNet) には有意な差を認めがたいが，深層学習がやや優位である．

●本項の内容に関する R スクリプト

```
####パッケージのインストール
> install.packages(c("pls","C50","randomForest","nnet","kernlab",
                     "class","adabag","caret","e1071"),dep=TRUE)
> library(pls)
> library(e1071)
> library(C50)
> library(randomForest)
> library(nnet)
> library(rpart)
> library(kernlab)
> library(class)
> library(adabag)
> install.packages("h2o",repos=(c("http://s3.amazonaws.com/
              h2o-release/h2o/rel-kahan/5/R",getOption("repos"))))
> library(h2o)
> localH2O = h2o.init()

> data(spam)
> nr<-nrow(spam)
> k=10   #繰り返し回数
> m=13
> res<-matrix(0,k,m)
> ta<-matrix(0,2,2)
> cv<-pls::cvsegments(nr,k=k)   #library(pls)
> for(i in 1:k){
  cnum<-cv[[i]]
  x<-as.matrix(spam[-cnum,-58])
  y<-spam[-cnum,58]
  xx<-as.matrix(spam[cnum,-58])
  yy<-spam[cnum,58]
```

```
   N<-length(cnum)
####k-NN 法
   kn<-knn(x,xx,y,k=7)
   res[i,1]<-sum(diag(table(yy,kn)))/N
####Naive Bayes 法
   nai<- naiveBayes(type~.,data=spam[-cnum,])
   naip <- predict(nai,spam[cnum,])
   res[i,2]<-sum(diag(table(spam[cnum,58],naip)))/N
####rpart_Gini
   tr<-rpart(type~.,spam[-cnum,],cp=0)
   tt<-sort.list(tr$cptable[,5])[1]
   CP<-tr$cptable[,1][tt]
   tr<-rpart(type~.,spam[-cnum,],cp=CP)
   te<-predict(tr,spam[cnum,],type="class")
   res[i,3]<-sum(diag(table(yy,te)))/N
####rpart_information
   tr<-rpart(type~.,spam[-cnum,],cp=0,
             parms=list(split='information'))
   tt<-sort.list(tr$cptable[,5])[1]
   CP<-tr$cptable[,1][tt]
   tr<-rpart(type~.,spam[-cnum,],cp=CP)
   te<-predict(tr,spam[cnum,],type="class")
   res[i,4]<-sum(diag(table(yy,te)))/N
####C50
   tr<-C5.0(x,y)
   te<-predict(tr,xx)
   res[i,5]<-sum(diag(table(spam[cnum,58],te)))/N
####Bagging
   tr<-bagging(type~.,data=spam[-cnum,])
   te<-predict(tr,spam[cnum,-58])
   res[i,6]<-sum(diag(table(spam[cnum,58],te$class)))/N
####Boosting
   tr<-boosting(type~.,data=spam[-cnum,])
   te<-predict(tr,newdata=spam[cnum,-58])
   res[i,7]<-sum(diag(table(spam[cnum,58],te$class)))/N
####RF
   tr<-randomForest::randomForest(x,y,mytry=300)
   te<-predict(tr,xx)
```

```
   res[i,8]<-sum(diag(table(spam[cnum,58],te)))/N
####SVMPoly
   tr<-kernlab::ksvm(x,y,kernel ="polydot",scale=FALSE)
   te<-kernlab::predict(tr,xx)
   res[i,9]<-sum(diag(table(spam[cnum,58],te)))/N
####SVM_rbfdot
   tr<-kernlab::ksvm(x,y,kernel ="rbfdot",scale=TRUE)
   te<-kernlab::predict(tr,xx)
   res[i,10]<-sum(diag(table(spam[cnum,58],te)))/N
####logit
   tr0<-multinom(type~.,spam[-cnum,])
   te<-predict(tr0,spam[cnum,])
   res[i,11]<-sum(diag(table(spam[cnum,58],te)))/N
####av_NNET
   tr<-nnet(type~.,spam[-cnum,],size=5)
   te<-predict(tr,xx,type="class")
   res[i,12]<-sum(diag(table(spam[cnum,58],te)))/N
####DepLear
   spam.hex <- as.h2o(spam[-cnum,])
   tr<-h2o.deeplearning(x = 1:57,y = 58,training_frame = spam.hex,
                        hidden = c(250,500,100,50,20),epochs=500)
   test.hex <- as.h2o(spam[cnum,])
   fit = h2o.predict(tr,newdata = test.hex[,-58])
   ta<-table(spam[cnum,58],as.data.frame(fit)[,1])
   res[i,13]<-sum(diag(ta))/sum(ta)
}
> lab<-c("k_NN","NBayes","rp_Gini","rp_Entr","C50","Bagg","Boost",
       "RF","svm_Poly","svm_Rad","Logit","aveNNet","DNNet")
> colnames(res)<-lab
####箱ひげ図の作成
> par(mar=c(3,5,1,1))
> boxplot(res,horizontal = TRUE,las=2)
> grid()

####平均プロット
> windows()
> me<-apply(res,2,mean)
> SD<-apply(res,2,sd)
```

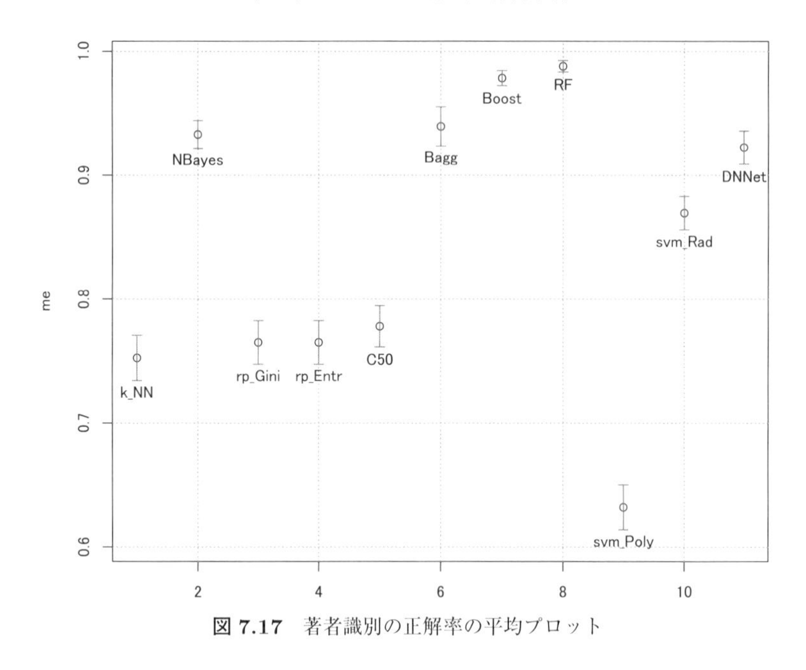

図 7.17 著者識別の正解率の平均プロット

RF がテキストアナリシスにおいて高い正解率を得ている研究事例は少なくない（金・村上, 2007; 津本他, 2017; Sun and Jin, 2017; 劉・金, 2017ab; 財津・金, 2017b; 李他, 2016; Tanaka and Jin, 2014; Jin and Huh, 2012）. SVM の正解率が低いのは，用いたデータにノイズが多いことが一つの原因であると考えられる．

7.8 統合的分析

前節の二つのデータセットについての分類結果からわかるように分類器はテキストから抽出したデータセットに依存する．スパムメールを分類するケースではナイーブベイズ法 (NBayes) の正解率は最も低かったが，著者識別の問題におけるその正解率の平均値は上位 4 位であった．つまり，分類器の精度はデータセットの構造に依存するため常に最高の精度をとるとは限らない．

また，テキストから抽出する特徴量のデータセットは 1 種類に限らな

アルゴリズム 7.3 統合的分類方法

1: 研究対象の異なる側面から m セットのデータ $U = \{X_i | i = 1, 2, \ldots, m\}$ を作成する.
2: データセット X_i についてテストを重ね, k 個の強分類器 $h_j(X)$, $(j = 1, 2, \ldots, k)$ を選出する.
3: $m \times k$ の結果について重み付き多数決をとる.

$$H(X, h) = \arg\max \sum_{j=1, i=1}^{k, m} \alpha_j \beta_i h_j(X_i)$$

い. たとえば, 前節で示した書き手の識別に関する問題では, 異なる視点で書き手の特徴データセットを抽出することが可能である. 前節では, タグ付き形態素を用いたが, 品詞に関する情報や文節に関する情報等の文字, 形態素, 品詞, 構文等の視点から特徴量データセットを作成することが考えられる. そうすると, どのデータセットとどの分類器を用いるべきであるかが問題になる. このような問題点を踏まえて統合的にデータを分析する方法が提案されている (金, 2014).

7.8.1 統合的分類アルゴリズム

金 (2014) では, 研究対象について異なる側面から抽出した複数のデータセットと比較的精度が高い複数の強分類器を用いた統合的分類方法を提案した. そのアルゴリズムをアルゴリズム 7.3 に示し, そのイメージを図 7.18 に示す.

7.8.2 用いるコーパスとデータセット

提案した統合的判別分析法の実証のため, 文豪の作品, 学生の作文, 一般人の日記の 3 種類のコーパスを用いた.

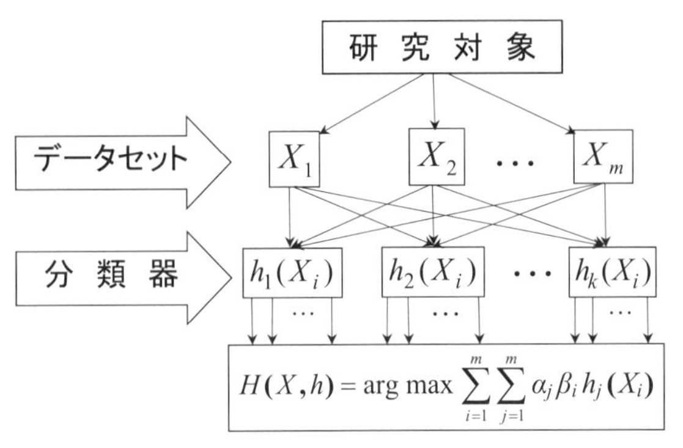

図 7.18 統合的判別分析法のイメージ

(1) 文豪の作品

文豪の作品は青空文庫からダウンロードして用いた．学生の作文や日記とバランスをとるため，10 人の作家の計 100 編 (10 × 10) の文学作品を用いた．そのリストを表 7.6 に示す．作品の選定には，なるべく同年代であること，新仮名を用いていること等に配慮した．また長い作品は青空文庫で分割されたサイズをそのまま独立した 1 編として扱った．表の中の作品の右に (a) が付いているのは，その作品の一部分である．用いた作品の中で，最も短いのは約 2200 字，最も長いのは 94680 字である．

(2) 学生の作文

学生の作文は，文章の計量分析のため 11 人の大学 3 年生に 10 のテーマ（$T1$：住まい，$T2$：家族，$T3$：友達，$T4$：学校，$T5$：スポーツ，$T6$：旅行，$T7$：車，$T8$：アルバイト，$T9$：映画は映画館で見るかビデオで見るか，$T10$：日本食）について書かせた作文コーパスである（金・宮本, 1999; 金, 2013）．11 人が書いた作文のサイズをタイトル別に表 7.7 に示す．表 7.7 からわかるように，作文のサイズは平均 1124 字である．最も短いのは 978 文字，最も長いのは 1761 字である．

(3) 一般人の日記

用いた日記は，ワープロの普及が始まった 1990 年代初期に，NHK が

表 7.6　用いた文豪の文学作品リスト

著者	作品名
芥川龍之介	或阿呆の一生，羅生門，芋粥，枯野抄，地獄変，杜子春，蜘蛛の糸，将軍，春，点鬼簿
泉鏡花	化鳥，女客，婦系図 (a)，小春の狐，怨霊借用，木の子説法，絵本の春，縁結び，草迷宮，遺稿
菊池寛	仇討禁止令，芥川の事ども，勲章を貰う話，三浦右衛門の最後，無名作家の日記，大島が出来る話，恩讐の彼方に，俊寛，勝負事，出世
森鷗外	かのように，二人の友，余興，堺事件，妄想，寒山拾得，山椒大夫，普請中，最後の一句，百物語
夏目漱石	三四郎 (a)，吾輩は猫である (a)，坊っちゃん，幻影の盾，彼岸過迄 (a)，琴のそら音，硝子戸の中，草枕，薤露行，趣味の遺伝
佐々木味津三	なぞの八卦見，千柿の鍔，南蛮幽霊，曲芸三人娘，生首の進物，笛の秘密，耳のない浪人，袈裟切り太夫，身代わり花嫁，青眉の女
島崎藤村	三人，並木，伸び支度，分配，刺繍，岩石の間，桃の雫，海へ (a)，熱海土産，藁草履
太宰治	二十世紀旗手，作家の手帖，俗天使，八十八夜，散華，断崖の錯覚，春の盗賊，服装に就いて，未帰還の友に，花吹雪
岡本綺堂	ゆず湯，半七捕物帳–石燈籠，寄席と芝居と，影を踏まれた女，心中浪華の春雨，異妖編，穴，箕輪心中，青蛙堂鬼談，鳥辺山心中
海野十三	奇賊悲願，宇宙戦隊，怪星ガン，恐しき通夜，海底都市，生きている腸，骸骨館，鬼仏洞事件，宇宙の迷子，暗号音盤事件

手書きとワープロで書いた日記の文体に違いがみられるかについて比較分析するために行った実験のデータである．用いたのは 6 人が 10 日間で書いた日記である．前の 5 日間は手書きで，後の 5 日間はワープロによるものである（金他, 1993a; 金, 2013）．用いた日記のサイズを表 7.8 に示す．日記の平均文字数は 529 字，最も短い日記は 268 字，最も長いのは 1244 字である．

7.8.3　書き手の特徴データ

文章の書き手を判別する際に，文章からどのように書き手の特徴データを抽出して用いるかについては多くの研究が行われている．代表的なもの

表 7.7 分析に用いた 11 人の作文のサイズ（単位は文字数）

書き手	$T1$	$T2$	$T3$	$T4$	$T5$	$T6$	$T7$	$T8$	$T9$	$T10$	平均
WA	1065	1168	1582	1053	1208	1049	1065	1299	1089	1006	1159
WB	1097	1157	978	1270	1374	1295	1167	1126	1235	1054	1175
WC	1068	1761	1155	1414	1114	1017	1242	1292	1229	1102	1240
WD	1102	1035	1129	1032	1007	1089	1046	1054	1051	993	1054
WE	1032	1063	1266	1173	1018	1178	1081	1061	1101	1126	1110
WF	1066	1105	1069	1075	1039	1077	1100	1125	1045	1164	1087
WG	1060	1261	1438	1300	1170	1068	1184	1471	1032	1170	1216
WH	998	1045	1187	1133	1168	1030	1230	993	1238	1194	1122
WI	1046	1060	1047	1113	1109	1111	1044	1042	1101	1090	1076
WJ	1077	1026	1045	1044	1063	1025	1060	1081	1033	1089	1055
WK	1392	1042	1013	1006	1009	1015	1052	1029	1135	1012	1071
平均	1091	1157	1174	1147	1116	1087	1115	1143	1117	1091	1124

表 7.8 6 人の書き手の日記のサイズ（単位は文字数）

書き手	0	1	2	3	4	5	6	7	8	9	平均
A	290	268	405	355	325	397	499	577	428	452	400
B	399	412	418	411	402	403	400	608	439	445	434
C	502	549	610	636	581	696	673	697	754	516	622
D	585	567	475	686	546	491	561	567	517	458	546
E	521	555	468	486	623	668	726	693	1244	778	676
F	437	495	503	484	502	470	510	562	492	524	498

としては，単語の長さ，文の長さ，品詞の使用率，漢字の使用率，語彙の豊富さ指標，語彙や記号の使用率，文字の n-gram，助詞の組み合わせ，文節パターン等があげられる．単語の長さ，文の長さ，漢字の使用率，語彙の豊富さの量的な指標は，人によっては文章の書き手の特徴となるが，一般人が書いた現代文では書き手を判別する有力な情報とならない場合が多い．

ここでは記号論，形態論，統合論の側面から文字・記号の bigram，タグ付きの形態素，タグの bigram，文節パターンの計 4 種類のデータを抽出して用いた．また，用いた文章の長さは均一ではないため，文章から抽出したデータを相対頻度に置き換えて用いた．

(1) 文字・記号の n-gram

文字・記号の n-gram（以下略して「文字の n-gram」とよぶ）は，隣接している n $(n = 1, 2, 3, \ldots)$ 個の文字・記号列のパターンを漏れなく集計したデータを指す．データ抽出の方法は非常に単純であるが，そのデータには書き手の癖が織り込まれている．文字の n-gram による書き手の判別に関しては，その有効性が示されている（松浦・金田, 2000; Grieve, 2007; Jin and Huh, 2012）．ただし，n を 3 以上にした場合はデータの次元が高くなりやすく，データには書き手特徴のみではなく文章の内容やジャンルに依存する要素がノイズとしてより強く反応することに注意が必要である．読点をどの文字の後に打つかに関するデータを用いて書き手を判別する方法が提案され，その有効性も報告されている (Jin and Murakami, 1993; 金他, 1993b; 金, 1994; Jin and Jiang, 2013)．読点をどの文字の後に打つかに関するデータは文字・記号の bigram の一部分にすぎない．ただし，このようなデータの次元は，文字の bigram よりはるかに低いため，教師なしのデータ分析には向いている (Jin and Jiang, 2013)．教師ありのデータ分析法を前提とする場合は，文字の n-gram を用いた方がより有効である．

文字の n-gram を抽出する際に n をいくらにするかに関しては，文章の長さに依存するため一概にはいえない．今までの経験を踏まえて n を 2 にした bigram を用いることにした．

(2) タグ付きの形態素

文字の bigram では，文字と記号を単位としてデータを抽出する．よって，単語や品詞に関する情報は用いていない．単語や品詞に関する情報を用いるためには，形態素解析を行い，形態素の属性を示すタグを付与することが必要である．日本語の形態素解析のツールとしては JUMAN, ChaSen，MeCab 等がある．本研究では MeCab により形態素解析を行い，属性タグを付与して用いた（2.4 節を参照）．タグ付きの形態素データでは第 2 層までの情報を用いた．タグ付きの形態素を用いた書き手の判別に関しては金・村上 (2007) がある．

(3) タグの n-gram

文の構造に関する情報は，形態素解析済みのデータから形態素タグの n-gram データを抽出することが考えられる．形態素タグのほとんどは品詞の属性である．品詞の使用率を用いた文章の統計分析に関する研究は1950年代から行われている．品詞の接続関係の情報を用いた早期の研究として Antosch(1969) がある．Antosch は，動詞–形容詞の比率について調査分析を行い，文章のジャンルによってその比率は異なり，民話では動詞–形容詞の比率が高く，科学関連の文章では低いという結論を得た．日本語においては，村上・伊藤 (1991) は日蓮遺文の計量分析に品詞の接続関係の情報等を用いた．品詞の n-gram の書き手特徴に関する研究についてはいくつかの試みが行われ，品詞の n-gram は書き手の判別に有効であると報告されている（金, 2003b, 2004ab; Jin and Huh, 2012）.

(4) 文節パターン

文章における構文にも書き手の癖が多くみられる．日本語の構文分析の基本単位となる文節について，文節パターンをモデル化し，そのデータに基づいて書き手の判別を行う方法が提案され，実証が行われている．その結果，文節パターンにも書き手の特徴が比較的顕著に現れ，匿名文章の書き手判別に有効であることがわかった（金, 2013).

文節の切り分けに関する構文解析ツールとしては JUMAN/KNP, CaBoCha がある．本節では CaBoCha を用いた．文節パターンには，文節内の助詞は原型を用い，それ以外は形態素のタグを用いた．例文「誰が行きますか？」を CaBoCha で構文解析した結果を次に示す．この例文は，二つの文節によって構成されている．第1文節パターンは「名詞-が」，第2文節パターンは「動詞-助動詞-か-記号」となる．

```
* 0 1D 0/1 0.00000000
誰　　ダレ　誰　　名詞-代名詞-一般
が　　ガ　　が　　助詞-格助詞-一般
* 1 -1O 3/3 0.00000000
行き　イキ　行く　動詞-自立　　　五段・カ行促音便
ます　マス　ます　助動詞　特殊・マス　　　基本形
か　　カ　　か　　助詞-副助詞／並立助詞／終助詞
?　　　　　　　　記号-一般
EOS
```

7.8.4　用いる分類器

分類器は先行研究の結果を踏まえ，6 種類の分類器の精度について考察を行った．6 種類の分類器は，エイダブースト，距離加重判別，高次元判別分析，ロジスティクモデルツリー，ランダムフォレスト，サポートベクターマシンである．

次に本章で説明していない分類器について簡潔に説明する．

(1) 距離加重判別分析

距離加重判別分析 (DWD: distance weighted discrimination) は，高次元小標本 (HDLSS: high dimension low sample size) データのために提案された分類器である (Marron et al., 2007)．SVM と同じく，クラスを分離するための境界マージンを最大化する方法を用いているが，DWD は平均距離を最大にするアプローチで分類境界の最大マージンを求める．また，DWD はサポートベクターのみに頼るのではなく，データのすべての点が分類を行う超平面の構築に用いられ，超平面に近い点により強く，遠く離れている点に弱い重みを与える．Marron et al.(2007) により提案されたのはバイナリ分類器であるが，多重クラス分類器として拡張されている (Huang et al., 2013)．高次元では SVM より優れた結果が得られることがあると報告されている．

(2) 高次元判別分析

HDDA は高次元判別分析 (high-dimensional discriminant analysis) として，Bouveyron らが提案した新しい分類器である (Bouveyron et al., 2007). HDDA は，データがガウス混合分布であるという仮定に基づいて，決定ルールを構築し分類を行う. HDDA は，モデルパラメータを推定する部分と決定ルールを構築する部分に分けられる. 提案者らの比較研究では，用いたデータではサポートベクターマシンより高い正解率を得たと報告している.

(3) ロジスティックモデルツリー

ロジスティックモデルツリー (LMT: logistic model trees) は，決定木とロジスティックモデルを組み合わせたアルゴリズムである. LMT は決定木の葉の部分のデータを用いてロジスティック判別のモデルを構築する. 提案者らが用いたベンチマークの分析によると，30 種類以上の分類器の中で最も正解率が高いと報告されている (Landwehr et al., 2005).

本節では分類器のアルゴリズムは R の関連パッケージを用いた. エイダブーストは `boosting{adabag}`，距離加重判別法は `kdwd{DWD}`，高次元データ判別法は `hdda{HDclassif}`，ロジスティックモデルツリー法は `LMT{RWeka}`，ランダムフォレストは `randomForest{randomForest}`，サポートベクターマシンは `ksvm{kernlab}` を用いた. `{}` で囲んだ文字列はパッケージの名称で，その前の文字列が分類器の関数である. 結果の再現性等を考慮し，分類器関数の引数（ハイパーパラメータ）はすべてデフォルト値を用いた. したがって，分類器によってはパラメータの調整により正解率がさらに高まる可能性がある.

7.8.5 評価方法

分類器の性能の評価には，学習データで構築した分類器を，テストデータを用いて評価する. 本節ではそれぞれの書き手から 1 作品ずつを同時に取り出した LOOCV を拡張した交差確認法を用いる. 用いた 3 種類のコーパスの標本サイズでいうと，一人の文章が 10 であるため，10 フォールド交差確認法に相当する．ただし，各書き手から 1 作品を抽出するため，ランダムに分割を行う一般の 10 フォールド交差確認法と異なり，グループに偏る分割が起こらないことを強調しておきたい．

ここでは，分類器の評価は次に示す再現率と精度の調和平均 F_1 値を用いる．F_1 値が大きいほど，分類性能がよい（正解率が高い）と評価する．

$$F_1 = \frac{2 \times P \times R}{P + R}$$

7.8.6　分類器ごとの判別結果

(1) 文学作品の書き手の判別

10 人の文豪が書いた 100 編の作品について，6 つの分類器を用いた判別結果を表 7.9 に示す．文字列の bigram では HDDA と RF の正解率が最も高く，F_1 値は 0.9905 である．これは 100 編の作品の中，1 編の作品

表 7.9　文学作品における 6 つの分類器別の書き手判別結果

データ種類とサイズ	評価指標	ADA	DWD	HDDA	LMT	RF	SVM
文字の bigram 100×1570	再現率 R	0.9400	0.9800	0.9900	0.9400	0.9900	9800
	適合率 P	0.9449	0.9818	0.9909	0.9452	0.9909	0.9818
	F_1	0.9425	0.9809	**0.9905**	0.9426	**0.9905**	0.9809
タグ付き形態素 100×1416	再現率 R	0.9600	0.9800	0.9800	0.9200	1	0.9800
	適合率 P	0.9652	0.9818	0.9818	0.9266	1	0.9818
	F_1	0.9626	0.9809	0.9809	0.9233	**1**	0.9809
タグの bigram 100×423	再現率 R	0.8400	0.9500	0.9500	0.9300	0.9800	0.8800
	適合率 P	0.8474	0.9536	0.9545	0.9366	0.9809	0.8982
	F_1	0.8437	0.9518	0.9523	0.9333	**0.9805**	0.8890
文節パターン 100×1370	再現率 R	0.8900	0.9900	0.8300	0.9300	0.9900	0.9900
	適合率 P	0.8932	0.9909	0.8989	0.9349	0.9909	0.9909
	F_1	0.8916	**0.9905**	0.8631	0.9325	**0.9905**	**0.9905**

の書き手が誤判別された結果である．タグ付き形態素のデータを用いたRFの F_1 値は1である．その次がDWD，SVM，HDDAであり，その F_1 値は0.9809である．タグのbigramの中，正解率が最も高いのはRFであり，その F_1 値は0.9805である．続いて正解率が高いのはHDDA，DWDの順である．文節パターンではDWD，RF，SVMが同じ正解率で最も高い．6種類の分類器の中で，総合的に正解率が高いのはRFである．DWDは3種類のデータにおいてはSVMと同等であるが，タグのbigramではSVMより高い正解率を得ている．HDDAは「文節パターン」を除くとSVMと同等かそれ以上の正解率を得ている．ADA，LMTは他の分類器より正解率が低い．

(2) 学生作文の書き手の判別

11人が書いた110編の作文から抽出した4種類のデータについて，6つの分類器で書き手を判別した結果を表7.10に示す．文字のbigramで

表7.10 学生作文における分類器別の書き手判別結果

データ種類とサイズ	評価指標	ADA	DWD	HDDA	LMT	RF	SVM
文字のbigram 110×1856	再現率 R	0.8455	0.9818	0.9727	0.8091	0.9545	0.9636
	適合率 P	0.8507	0.9835	0.9752	0.8244	0.9570	0.9683
	F_1	0.8481	**0.9826**	0.9740	0.8167	0.9558	0.9660
タグ付き形態素 110×1376	再現率 R	0.9000	0.9818	0.9273	0.9000	0.9545	0.9636
	適合率 P	0.9039	0.9835	0.9350	0.9100	0.9601	0.9661
	F_1	0.9020	**0.9826**	0.9311	0.9049	0.9573	0.9649
タグのbigram 110×545	再現率 R	0.6364	0.9000	0.9091	0.8091	0.8727	0.8000
	適合率 P	0.6280	0.9242	0.9373	0.8171	0.8909	0.8934
	F_1	0.6322	0.9119	**0.9230**	0.8131	0.8817	0.8441
文節パターン 110×623	再現率 R	0.8636	0.9636	0.9545	0.9000	0.9636	0.9545
	適合率 P	0.8775	0.9708	0.9649	0.9196	0.9708	0.9608
	F_1	0.8705	**0.9672**	0.9597	0.9097	**0.9672**	0.9577

はDWDの正解率が最も高く，その F_1 値は0.9826である．続いて高いのはHDDA，SVMである．タグ付き形態素でもDWDの正解率が最も高く，その次はSVM，RFの順である．タグのbigramでは，わずかでありながらもHDDAの正解率がDWDを上回り，最も高い．その次がRFである．文節パターンではDWD，RFの正解率がともに最も高く，その次がHDDAである．学生作文ではDWDが総合的に高い正解率を得ている．ADA，LMTはその他の分類器には及ばない．

(3) 日記の書き手の判別

6人が書いた60編の日記から抽出した4種類のデータセットについて6つの分類器で書き手を判別した結果を表7.11に示す．文字のbigramでは，DWDの正解率が最も高く，F_1 値は0.9841である．その次がHDDA，SVMである．タグ付き形態素ではRFの正解率がもっと高く，F_1 値は0.9667である．その次がSVM，LMTである．ここではLMTがわずか

表 7.11 日記データにおける分類器別の書き手判別結果

データ種類とサイズ	評価指標	ADA	DWD	HDDA	LMT	RF	SVM
文字の bigram 60×1242	再現率 R	0.7000	0.9833	0.9667	0.6833	0.9333	0.9500
	適合率 P	0.7479	0.9848	0.9697	0.6885	0.9330	0.9571
	F_1	0.7231	**0.9841**	0.9682	0.6859	0.9332	0.9535
タグ付き形態素 60×473	再現率 R	0.8333	0.9000	0.9000	0.9000	0.9667	0.9500
	適合率 P	0.8464	0.9027	0.9027	0.9072	0.9667	0.9615
	F_1	0.8398	0.9013	0.9013	0.9036	**0.9667**	0.9557
タグの bigram 60×489	再現率 R	0.7167	0.8167	0.7833	0.8000	0.8500	0.7500
	適合率 P	0.7439	0.8336	0.8088	0.8037	0.8693	0.7857
	F_1	0.7300	0.8250	0.7958	0.8018	**0.8595**	0.7674
文節パターン 60×327	再現率 R	0.5000	0.8167	0.8167	0.6833	0.8167	0.7500
	適合率 P	0.6011	0.8145	0.8308	0.6983	0.8302	0.7781
	F_1	0.5459	0.8156	**0.8237**	0.6907	0.8234	0.7638

でありながらDWD，HDDAを上回っている．タグのbigramでは，RFの正解率が最も高く，次にDWD，LMTの順になっている．文節パターンでの正解率が高いのはHDDA，RF，DWDの順である．日記データではLMTが上位3位に2回ランクインしているが，4位との差はわずかである．

7.8.7　統合的判別の結果

前項の結果からわかるように，すべてのデータセットで常に最も高い正解率を得る分類器はなかった．また，正解率もデータセットによって異なる．そこで，提案した複数のデータセットと複数の分類器を用いた統合的判別方法について実証を試みる．統合的判別分析に用いる分類器は，前項の分析結果を踏まえて総合的に正解率が高いDWD，HDDA，RF，SVMの計4種類を用いた．

前項でわかるように，データセットおよび分類器によって判別率には差がある．提案する統合的判別方法のアルゴリズムは，データセットや分類器に重みを付けることになっているが，問題をシンプルにする方法はすべての重みを1にする．

ここでは図7.18で示しているアルゴリズムの結果を示す．わかりやすくするため，日記から抽出した4種類のデータセットについて2種類の分類器(RF，HDDA)で判別した結果の一部分を例として表7.12に示す．表の中のアルファベットは書き手を示すラベルである．提案している統合的判別分析法は，多数決に基づいているため，各データについて複数の分類器が判別した結果の中から最も頻度の高いラベルが統合的判別の結果となる．その結果を「投票結果」の縦列に示している．「投票結果」の右の列がその日記を書いた書き手である．たとえば，No.37はBが5つ，Dが3つであるためBと判断される．しかし，この日記はDが書いたものであるため誤判別されている．

提案した判別モデルの実証結果を表7.13に示す．さらに，分類器の組み合わせの効果を考察するために，単一分類器の結果と統合結果を表7.13に示す．4つの分類器の統合結果では文学作品，学生作文の書き手判別の

表 7.12 統合的書き手判別の例

(4 種類の書き手の特徴データと 2 種類の分類器)

ID	文字 bigram		形態素		文節パターン		タグの bigram		投票結果	書き手
	RF	HDDA	RF	HDDA	RF	HDDA	RF	HDDA		
No.01	A	A	A	A	A	A	A	A	A	A
⋮	⋮	⋮	⋮	⋮	⋮	⋮	⋮	⋮	⋮	⋮
No.37	D	B	D	B	D	B	B	B	**B**	D
No.38	D	D	D	D	E	E	D	B	D	D
⋮	⋮	⋮	⋮	⋮	⋮	⋮	⋮	⋮	⋮	⋮
No.60	F	F	F	F	F	B	F	F	F	F

表 7.13 統合的判別の結果

分類器	文学作品			学生の作文			日記		
	R	P	F_1	R	P	F_1	R	P	F_1
DWD	1	1	1	1	1	1	0.967	0.970	0.968
HDDA	0.990	0.991	0.991	0.991	0.992	0.991	0.967	0.970	0.968
RF	1	1	1	0.991	0.992	0.991	0.967	0.972	0.969
SVM	0.990	0.991	0.991	0.991	0.992	0.991	0.967	0.972	0.969
DWD，SVM	0.990	0.991	0.991	0.991	0.992	0.991	0.983	0.985	0.984
DWD，HDDA，RF，SVM	1	1	1	1	1	1	0.983	0.985	0.984

F_1 値は 1 である．日記の書き手判別の F_1 は 0.9841 であり，1 編が誤判別されている．

この判別結果はいずれも，単独分類器の正解率の最大値と同等，あるいはそれ以上である．学生作文においては統合的判別方法により正解率が約 2 ポイント増加した．統合的判別方法のメリットは，一つの研究対象について異なる側面から抽出したデータを用いて総合的に結論を出すことである．また複数の分類器を用いるため，個別データに対する適合性が欠けているような分類器の短所を補うことができる．たとえば，RF は全般的には分類性能がよいが，日記の文字の bigram では F_1 値が DWD より約

5ポイント低く，タグ付き形態素データでは F_1 値がDWDより約6ポイント高い．このようなことから，分類器を組み合わせて統合的に判別する方法でそれぞれの短所を補い，相対的に安定した信頼性の高い結果を得ることが期待できる．

幸い，本節で用いたコーパスでは判定不能なことは起こらなかったが，問題によっては最多投票数が決まらないということが起こる可能性は否定できない．その際には，候補となる分類器を追加する方法や，データセットと分類器に重みを付ける方法等の工夫が必要となる．

第8章 テキストデータによる予測と要因分析

テキストアナリシスの際には，量的な目的変数とリンクして分析が必要となる場合がある．たとえば，和泉他 (2011) は 1998 年 1 月から 2007 年 12 月までの 10 年間の金融経済月報のテキストから共起語の主成分を説明変数とし，日本国債の 1 年物，2 年物，5 年物，10 年物の金利，日経平均，円ドル為替レート等を目的変数とした回帰モデルを作成し，金融市場の月次変動を予測した．本章では量的な目的変数とテキストに現れた項目との関係を分析する方法を説明する．

8.1 テキストの経時的分析

時間経過の順に計測，あるいは集計したデータは少なくない．たとえば，経済データの場合は曜日，月，四半期，年度等を単位として時系列でデータを整理して分析する．情報システムの中に記録されているテキストデータは，簡単に時系列に並べることができる．営業日報，定期的に行うアンケート調査，コールセンターでの顧客とオペレータのやりとりの記録等を分析する際には，時間とともに何が変化し，どのように変化しているかを分析する必要がある．

また，経済情報に関するテキストデータを説明変数とし，債券価格や経済指標の時系列データを目的変数として回帰分析等を行うことも可能であり，ニュース記事等の経時的テキストの場合は話題の推移等を分析することも可能である．なお，文学作品の場合は，執筆時期の推定も一つの研究課題である．ある作品の執筆時期の推定とは，いくつかの作品を経時的に並べたとき，作品の年度を目的変数とし，その作品の時期を推定することである．本章では，文章の執筆時期の推定に関する問題を例として，その分析方法を説明する（金, 2009）．

8.2　重回帰分析

量的な目的変数を予測するモデルとして最も基本的な方法は回帰分析である．回帰分析は線形回帰と非線形回帰に分けられるが，特別な説明がないかぎり，一般的には線形重回帰分析を略して重回帰分析という．

8.2.1　重回帰分析の定式

重回帰分析では観測データを次の式で表す．切片 β_0 がない式で表す場合もある．

$$y_i = \beta_0 + \beta_1 x_1 + \beta_2 x_2 + \cdots + \beta_p x_p + \varepsilon_i$$

回帰分析で求める回帰式は次に示すような近似式である．

$$\hat{y}_i = \hat{\beta}_0 + \hat{\beta}_1 x_1 + \hat{\beta}_2 x_2 + \cdots + \hat{\beta}_p x_p$$

回帰分析では，得られたデータから最も適切と思われる係数 $\hat{\beta}_i$ を求めることが主な目的である．

$$\boldsymbol{\beta} = \begin{bmatrix} \beta_0 \\ \beta_1 \\ \vdots \\ \beta_p \end{bmatrix}, Y = \begin{bmatrix} y_1 \\ y_2 \\ \vdots \\ y_n \end{bmatrix}, X = \begin{bmatrix} 1 & x_{11} & \cdots & x_{1p} \\ 1 & x_{21} & \cdots & x_{2p} \\ \vdots & \vdots & \ddots & \vdots \\ 1 & x_{n1} & \cdots & x_{np} \end{bmatrix}, E = \begin{bmatrix} \varepsilon_1 \\ \varepsilon_2 \\ \vdots \\ \varepsilon_n \end{bmatrix}$$

上記の表記を導入すると観測値は $Y = X\boldsymbol{\beta} + E$，その回帰式は $\hat{Y} = X\hat{\boldsymbol{\beta}}$ で表すことができる．回帰係数の推定値は $(Y - \hat{Y})^2$ を最小にする最小二乗法，または最尤推定法により求めることができる．その推定値は

$\hat{\boldsymbol{\beta}} = (X^T X)^{-1} X^T Y$ である.

8.2.2 変数の選択

収集したデータの中には，回帰式にまったく役に立たない変数が含まれている場合が少なくない．複数の説明変数を用いて回帰式を構築する際には，できるだけ少ない説明変数を用いてシンプルな式を構築した方がよい．

回帰式に用いる変数の寄与度の評価は，推定された係数の検定統計量を用いて評価することができる．

変数の選択の方法としては，変数増加法，変数減少法，変数増減法等がある．変数増加法 (forward selection method) は寄与度が最も高い変数から順に変数を増やしながら最善と評価される回帰式を構築し，変数減少法 (backward elimination method) は寄与度が最も低い変数から順に削除しながら最善と評価される回帰式を構築する．そのほかにステップワイズ法 (stepwise method) がある．ステップワイズ法は，説明変数の中で最も有用な説明変数から変数の追加と削除を繰り返しながら最善と評価される回帰式を構築する．用いる変数が異なるとモデルも異なるため，変数の選択はモデルの選択に等しい．

回帰式を評価する指標としては重相関係数，補正済みの重相関係数，回帰係数の検定統計量 F 値等がある．これ以外に提案された指標も少なくない．近年の多くの計算ツールに組み込まれている指標としては赤池情報量規準 (AIC) がある．AIC は次のように定義されている．

$$\mathrm{AIC} = -2 \times (\text{モデルの最大対数尤度}) + 2 \times (\text{モデルのパラメータ数})$$

AIC を用いてモデル（ここでは回帰式）を選択する場合は，AIC の値が小さいモデルをよいモデルであると評価する．AIC 以外に BIC 等の情報量規準等もある．BIC は上記の式の（モデルのパラメータ数）にかかる係数 2 を $\log N$ に入れかえればよい．N は標本サイズである．

8.2.3 執筆時期の推定

書き手の推定問題と並んで，ある人が書いた著作の順序や執筆時期の推定は古くから議論されている．日本古典文学の最高峰といわれている「源氏物語」に関しては，複数の著者説だけではなく，現在の巻序（巻の並べ方）が執筆の順であるかという疑問が数十年前から呈示されている．

文章の執筆時期の推定について，芥川龍之介の作品を用いて分析してみよう．青空文庫から芥川龍之介の作品をダウンロードし，初出年月をファイル名に入れ，ソートする等の方法で時系列に並べることができる．

本項では大正年代のはじめから没するまでの比較的長い芥川龍之介の作品 113 編を青空文庫からダウンロードし，クリーニングと形態素解析を行い，助詞を集計したデータ形式を表 8.1 に示す．表の中の数値は各々の助詞が助詞全体の中に占める相対頻度である．助詞の数は頻度が高い 39 個とそれ以外は “OTHERS” にまとめた．右の y 列は作品の公開年度に月を 10 進数に変換したものである．たとえば，作品「老年」は大正三年 4 月に公開されている．大正三年は西暦 1914 年，4 月は $4/13 = 0.31$ である．小数点以下 2 桁をとり y を 1914.31 にした．表 8.1 に，用いた形式を示す．

表 8.1 の y を目的変数，それ以外の 40 変数を説明変数とし，重回帰分析し，AIC に基づいた変数選択後の回帰結果を次に示す．40 変数から変

表 8.1 芥川龍之介の作品における各々助詞の使用頻度

	の	を	···	なら	やら	OTHERS	y
T03-04 老年	0.224	0.106	···	0.002	0.000	0.006	1914.31
T03-12 ひょっとこ	0.167	0.129	···	0.001	0.002	0.000	1914.92
T04-08 松江印象記	0.206	0.173	···	0.000	0.000	0.010	1915.62
T04-09 羅生門	0.181	0.163	···	0.002	0.000	0.000	1915.69
T05-01 鼻	0.158	0.154	···	0.001	0.000	0.002	1916.08
:	:	:	:	:	:	:	:
S2-07 或阿呆の一生	0.227	0.166	···	0.000	0.000	0.000	1927.54
S2-08 冬	0.198	0.156	···	0.000	0.000	0.001	1927.62
S2-08 西方の人	0.230	0.142	···	0.001	0.000	0.001	1927.62
S2-11 続西方の人	0.209	0.145	···	0.000	0.000	0.000	1927.85

数選択を行った結果，16 変数が選択された．その結果を次に示す．

```
Residuals:
     Min       1Q   Median      3Q     Max
-2.46317 -0.53214 -0.06192 0.55054 2.70730


Coefficients:
                Estimate Std. Error  t value Pr(>|t|)
(Intercept)     1933.291      1.523 1269.525  < 2e-16 ***
を.格助詞.       -35.790      5.659   -6.325 8.02e-09 ***
と.格助詞.       -29.765      5.777   -5.152 1.37e-06 ***
が.格助詞.       -53.415      5.517   -9.682 7.19e-16 ***
も.副助詞.       -31.677     10.621   -2.983  0.00362 **
で.格助詞.       -48.755     10.781   -4.522 1.75e-05 ***
から.格助詞.     -56.607     19.348   -2.926  0.00429 **
でも.副助詞.     -50.555     31.497   -1.605  0.11177
に.接続助詞.      97.871     35.192    2.781  0.00652 **
だけ.副助詞.      65.575     35.875    1.828  0.07067 .
より.格助詞.     116.740     40.455    2.886  0.00482 **
まま.接続助詞.   121.658     38.954    3.123  0.00237 **
さえ.副助詞.     -89.613     38.531   -2.326  0.02214 *
又.接続助詞.     103.007     31.452    3.275  0.00147 **
など.副助詞.      97.472     41.804    2.332  0.02181 *
まで.接続助詞.   168.269    100.892    1.668  0.09861 .
のみ.副助詞.    -562.411    116.652   -4.821 5.34e-06 ***
---
Signif. codes: 0 '***' 0.001 '**' 0.01 '*' 0.05 '.' 0.1 ' ' 1

Residual standard error: 1.01 on 96 degrees of freedom
Multiple R-squared:  0.9309,    Adjusted R-squared:  0.9194
F-statistic: 80.84 on 16 and 96 DF,  p-value: < 2.2e-16
```

学習データにおける最大残差の絶対値は約 2.71 で約 3 年である．調整済みの決定係数は 0.9194 であり，比較的高い．

返された結果の係数 (`Coefficients`) 以下の部分が回帰係数に関する統計量である．第 1 列が選択された変数であり，第 2 列がその係数の推定量，第 3 列が標準誤差であり，第 4，5 列が t 検定統計量である．選択された変数の係数の符号から経年的助詞使用率傾向がある程度読み取れる．係数がマイナスである助詞はその使用率が減少し，係数がプラスである助詞の使用率は増加している．しかし，係数の値が比較的大きいことから，1単位増加による詳細な分析は難しい．

● 本節の内容に関する R スクリプト

```
####スクリプト
> path<- "http://mjin.doshisha.ac.jp/data/JY0113y.csv"
> akuta<-read.csv(path,row.names=1)
> akuta.lm <-step(lm(y~.,akuta))
> summary(akuta.lm)
```

8.3 正則化回帰モデル

正則化 (regularization) は，統計学や機械学習等でよく使われ，過学習を防ぐために，パラメータにより罰則を設ける等の手法を介して最適化を行う方法である．

正則化回帰モデル (regularized regression model) は，通常の最小二乗法に罰則を加えて推定量を求める方法である．よって，制約付き最小二乗法，または罰則化回帰モデル (penalized regression model) ともよばれている．

正則化回帰モデルの中で最も基本的なのは ridge 回帰，lasso 回帰である．従来の重回帰分析では次のように，残差の二乗和を最小化することによって回帰係数を求めている．

$$\boldsymbol{\beta}_{\mathrm{lm}} = \arg\min\left\{(Y - \hat{Y})^2\right\} = \arg\min\left\{(Y - X\boldsymbol{\beta})^2\right\}$$

正則化回帰は次のように条件付きの残差二乗の最小化に基づく推定法によって得られる回帰モデルである．

$$\boldsymbol{\beta}_{\text{regu}} = \arg\min \left\{ (Y - \hat{Y})^2 + \lambda \sum_{j=1}^{p} |\beta_j|^q \right\}$$

式の中の λ は罰則の強さを調整するパラメータである．式からわかるように $\lambda = 0$ のとき，最小二乗法になる．λ が大きくなるほど罰則が強くなる．式の中の q の大きさによって，回帰の名称が異なる．

8.3.1 ridge 回帰モデル

正則化回帰モデルの $q = 2$ のときの正則化を L_2 正則化とよび，得られた回帰モデルを ridge 回帰とよぶ．ridge 回帰は Hoerl and Kennard(1970) によって提案されている．ridge 回帰モデルにおける正則化は次の式を最小化する問題である．

$$L(\beta) = \frac{1}{2} \sum_{i=1}^{n} (y_i - \boldsymbol{\beta}\mathbf{x}_i)^2 + \frac{\lambda}{2} \sum_{j=1}^{p} \beta_j^2$$

$\partial L(\boldsymbol{\beta})/\partial \boldsymbol{\beta} = 0$ の方程式を解くと次に示す λ をパラメータとした $\boldsymbol{\beta}$ の推定関数が得られる．これは従来の重回帰分析の推定値にパラメータ λ の項を加えたものであり，変数 X とパラメータ λ の塩梅によって決まる．式の中の I は単位行列である．

$$\hat{\boldsymbol{\beta}} = \arg\min L(\boldsymbol{\beta}) = (\lambda I + X^T X)^{-1} X^T Y$$

二つの回帰係数に限定した ridge 回帰モデルにおける制約条件のイメージを図 8.1 に示す．ridge 回帰の正則化は，座標の原点から係数の推定値の中心までの最短距離を求める．ridge 回帰ではすべての変数を用いることになる．

8.3.2 lasso 回帰モデル

正則化回帰モデルの $q = 1$ のときの回帰を lasso 回帰とよび，Tibshirani(1996) によって提案された．lasso は least absolute shrinkage and selection operator の略語である．

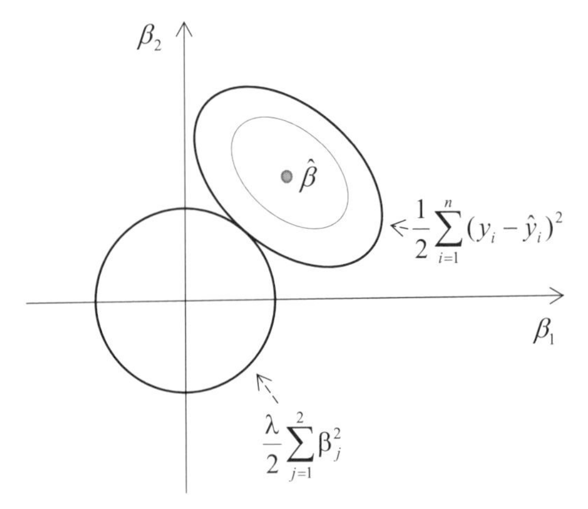

図 8.1 ridge 回帰モデルの制約条件イメージ

$$L(\beta) = \frac{1}{2}\sum_{i=1}^{n}(y_i - \boldsymbol{\beta}\mathbf{x}_i)^2 + \lambda\sum_{j=1}^{p}|\beta_j|$$

$L(\boldsymbol{\beta})$ の最小化は，ridge 回帰のように $\boldsymbol{\beta}$ で微分して陽に求めることは困難である．正則項が絶対値であり，原点周りで微分できないためである．そこで，逐次的アルゴリズムを用いる．そのプロセスは，微分可能な右辺の第 1 項の残差の二乗の部分を微分し，罰則項を条件とし，すべての係数 $\beta_j(j = 1, 2, 3, \ldots, p)$ に対し逐次的に代入し，最小値を求める．最小の解を求めるアルゴリズムには shooting 等のアルゴリズムを用いる (Fu, 1998; Efron et al., 2004).

二つの回帰係数に限定した lasso 回帰モデルにおける制約条件のイメージを図 8.2 に示す．ridge 回帰の正則化の場合と同じく，座標の原点から残差の二乗の中心までの最短距離を求める．

lasso 回帰モデルの構築では，複数の相関が強い説明変数が存在し，多重共線性がある場合，その中の代表的な変数のみを用いる傾向がある．よって，lasso 回帰は ridge 回帰と異なり，ケースによっては得られる係数に 0 となる項目が多数含まれ，スパース回帰ともよばれている．また，lasso 回帰では，変数の数 p が標本の数 n よりかなり大きい場合には n 個

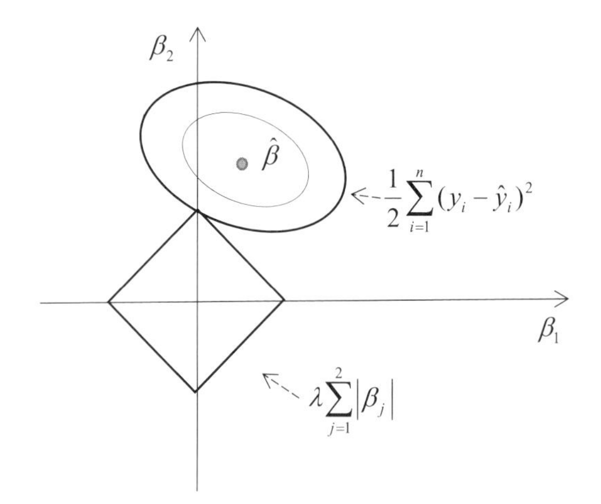

図 8.2 lasso 回帰モデル制約条件のイメージ

の説明変数の効果しか探索しない．lasso 回帰の大きなメリットは，回帰モデルの解釈が容易なことであり，デメリットはテキストアナリシスの場合のような変数の数が標本サイズよりかなり大きい ($p \gg n$) 場合に予測精度を高めることが困難であることがあげられる．

8.3.3 elastic net 回帰モデル

elastic net は lasso 回帰におけるモデル内に取り込める説明変数の数に制限がある問題点に対処する推定法として提唱された (Zou and Hastie, 2005)．elastic net は次の式の正則化を行う．

$$L(\beta) = \frac{1}{2}\sum_{i=1}^{n}(y_i - \boldsymbol{\beta}\mathbf{x}_i)^2 + \frac{\lambda}{2}\sum_{j=1}^{p}\{\alpha\beta_j^2 + (1-\alpha)|\beta_j|\}$$

式からわかるように α が 0 のときには lasso 回帰となる．α が 1 のときには ridge 回帰となる．通常 α は $0 \leq \alpha \leq 1$ に限定されている．

elastic net 回帰の特徴は ridge 回帰と lasso 回帰の両者を組み合わせた罰則化項をもち，α が 0 から 1 の範囲を自由にとることができる点である．ridge 回帰と lasso 回帰を折衷する場合は α を 0.5 にする．

二つの回帰係数に限定した elastic net 回帰モデルにおける制約条件の

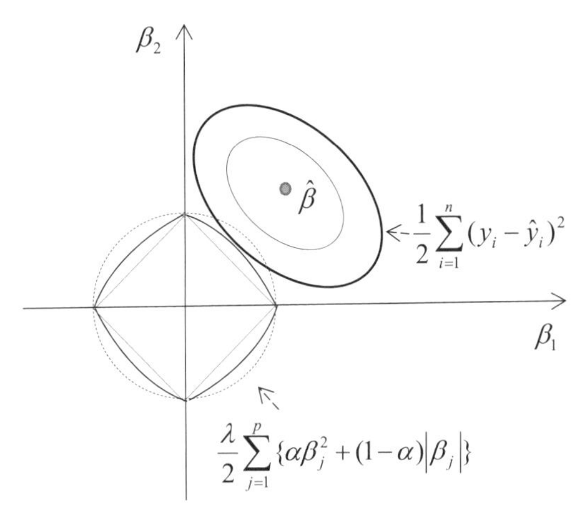

図 8.3　elastic net 回帰モデル制約条件のイメージ

イメージを図 8.3 に示す．ridge 回帰，lasso 回帰の正則化の場合と同じく，座標の原点から残差二乗の中心までの最短距離を求める．

8.3.4　正則化回帰モデルによる執筆時期の推定

8.2 節で用いた芥川龍之介の執筆年月の推定を行い，重回帰分析の結果と比較してみる．正則化回帰では，様々な λ を与えて推定する．多くのソフトではデフォルトに $\lambda = 100$ が指定されている．学習データについて 10 フォールド交差確認法を 1 回行った推定値を表 8.2 に示す．表 8.2 に示しているのは実測値と推定値の残差の二乗の平均値と標準偏差である．推定値からは ridge 回帰の推定値の誤差が最も小さい．

標本サイズが決して大きくないデータについて 10 分割して，交差確認を行っているので，結果が不安定である可能性がある．そのため，このような交差確認を繰り返して評価するのがよい．

変数の重要度は方法によって異なる．ridge 回帰ではすべての変数を用いているのに対し，lasso と elastic net 回帰では相関が強い変数の中から代表となる変数を選択してモデルを構成する．

図 8.4 に ridge 回帰の説明変数の係数の絶対値が大きい上位 20 変数のドットチャートを示す．図 8.5 には lasso 回帰，図 8.6 には elastic net 回

表 8.2　4 つのモデルの推定値の残差二乗の平均と標準偏差

	重回帰	ridge	elastic net	lasso
残差二乗の平均	2.005	1.925	2.305	2.291
残差二乗の標準偏差	0.339	0.309	0.376	0.374

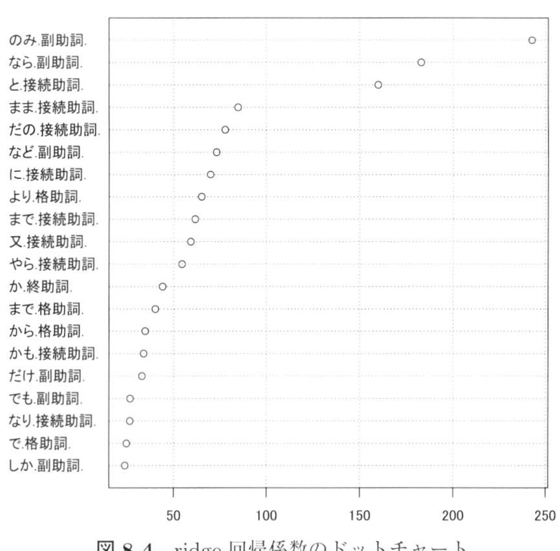

図 8.4　ridge 回帰係数のドットチャート

帰の非 0 係数のドットチャートを示す．値が大きいほど回帰モデルでの影響が大きいため重要である．

lasso 回帰と elastic net 回帰ではいずれも 40 個の説明変数から 16 個と 17 個の回帰係数が得られており，両方法で選択された変数には類似した傾向がみられる．

重回帰分析における AIC に基づいた変数選択の結果と比べると，選択された変数の数はほぼ同じであるが，変数の種類には差異がある．どの方法による変数選択がよいかに関しては一概にはいえないが，L 正則化回帰では重回帰分析より，変数への罰則を加える工夫が行われ，モデルの解釈がしやすい場合がある．正則化回帰については本シリーズ第 6 巻が詳しい（川野他, 2018）．

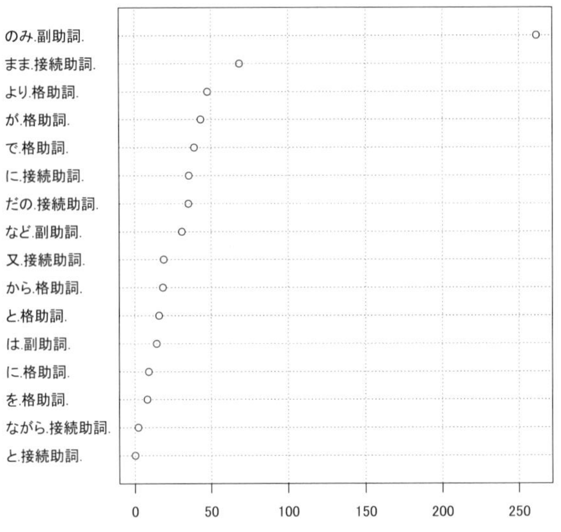

図 8.5　lasso 回帰係数のドットチャート

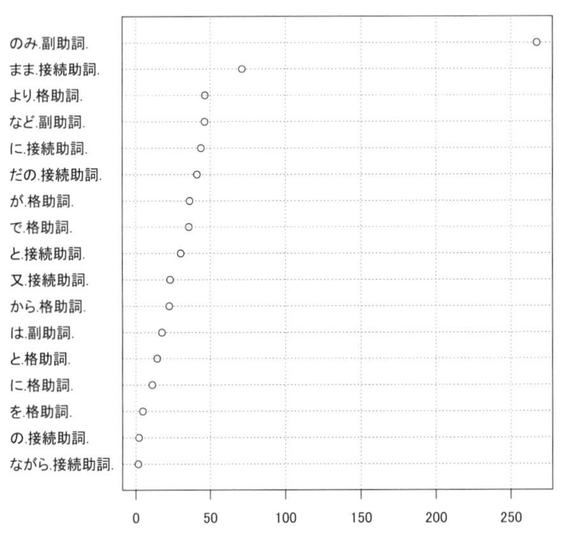

図 8.6　elastic net 回帰係数のドットチャート

●本節の内容に関する R スクリプト

```
##表 8.2 の計算スクリプト
> path<- "http://mjin.doshisha.ac.jp/data/JY0113y.csv"
> akuta<-read.csv(path,row.names=1)

> library(glmnet)
> library(pls)
> m=4
> k=10
> nr<-nrow(akuta)
> nc<-ncol(akuta)
> resu<-matrix(0,nr,m)
> set.seed(1)
> ncv<-pls::cvsegments(nr,k=k)             #10 フォールドの分割を行う
> for(i in 1:k){                           #交差確認を行う
    cnum<-ncv[[i]]
    X<- as.matrix(akuta[-cnum,-nc])
    Y<- as.matrix(akuta[-cnum,nc])
    Xtest<-as.matrix(akuta[cnum,-nc])
  ####重回帰 Lm
      LM<-step(lm(y~.,akuta[-cnum,]),trace=FALSE)
      resu[cnum,1]<-predict(LM,akuta[cnum,-nc])
  ####Ridge 回帰 & minimal_CV
      fit<- glmnet(x=X,y=Y,family="gaussian",alpha=0)
      resu[cnum,2]<- predict(fit,newx=Xtest,s=min(fit$lambda))[,1]
  ####Elastic net & minimal_CV
      fit<- glmnet(x=X,y=Y,family="gaussian",alpha=0.5)
      resu[cnum,3]<- predict(fit,newx=Xtest,s=min(fit$lambda))[,1]
  ####Lasso & minimal_CV
      fit<- glmnet(x=X,y=Y,family="gaussian",alpha=1)
      resu[cnum,4]<- predict(fit,newx=Xtest,s=min(fit$lambda))[,1]
  }
> sqres<-(resu-akuta$y)^2          #残差の二乗を求める
> me<-apply(sqres,2,mean)
> sd<-apply(sqres,2,sd)/sqrt(nr)
> kekka<-round(rbind(mean=me,sd=sd),3)
> colnames(kekka)<-c("Lm","Ridge","Elastic net","Lasso")
```

```
> kekka

        Lm Ridge Elastic net Lasso
mean 2.005 1.925       2.305 2.291
sd   0.339 0.309       0.376 0.374

####図 8.4
> X<-as.matrix(akuta[,-41]); Y<-akuta$y
> cv1<- cv.glmnet(x=X,y=Y,family="gaussian",alpha=0)
> cof1<-coef(cv1,s='lambda.1se')[-1,]
> cof2<-sort(abs(cof1))
> windows()
> dotchart(tail(cof2,n=20))
> grid()

####図 8.5
> cv1<- cv.glmnet(x=X,y=Y,family="gaussian",alpha=1)
> cof1<-coef(cv1,s='lambda.1se')[-1,]
> cof2<-sort(abs(cof1))
> windows()
> dotchart(cof2[cof2>0])
> grid()

####図 8.6
> cv1<- cv.glmnet(x=X,y=Y,family="gaussian",alpha=0.5)
> cof1<-coef(cv1,s='lambda.1se')[-1,]
> cof2<-sort(abs(cof1))
> windows()
> dotchart(cof2[cof2>0])
> grid()
```

8.4 その他の回帰分析

非線形回帰分析法として，非線形関数を用いる回帰分析，一般化線形モデル，一般加法モデル，機械学習法等数多くの方法が提案されている．

非線形関数としては多項式，指数関数，ロジスティック関数等が多く用いられている．説明変数があまり多くない場合は一般化線形モデル，一般加法モデル等で線形回帰分析よりよいモデルを構築できる場合もある．テキストアナリシスにおける説明変数は一般的に多いのが特徴である．

本節で取り上げる機械学習法とはニューラルネットワーク法，サポートベクターマシンやアンサンブル学習のような方法である．

8.4.1　サポートベクター回帰

7.2 節で説明したサポートベクターマシンを回帰分析に適用したのがサポートベクター回帰 (SVR: support vector regression) である．

いま，学習データ集合 $(\mathbf{x}_1, y_1)$，$(\mathbf{x}_2, y_2)$，…，$(\mathbf{x}_n, y_n)$ があるとする．$\mathbf{x} = (x_1, x_2, \ldots, x_p)$ は独立変数のベクトルであり，$\mathbf{y} = (y_1, y_2, \ldots, y_n)$ は目的変数である．SVR の線形回帰モデルは

$$f(\mathbf{x}) = \sum_{i=1}^{p} w_i x_i + b$$

となる．

SVR では，ε インセンシティブ損失関数 (ε-insensitive loss function) を用いる．ε インセンシティブ損失関数は，次のように定義されている．

$$L(\mathbf{x}, y, f) = L(|y - f(\mathbf{x})|_\varepsilon)$$

$$|y - f(\mathbf{x})|_\varepsilon = \begin{cases} 0, & |y - f(\mathbf{x})| < \varepsilon \\ |y - f(\mathbf{x})| - \varepsilon, & \text{その他} \end{cases}$$

ε インセンシティブ損失関数を用いた回帰のイメージを図 8.7 に示す．点線の帯域を ε インセンシティブ帯域とよぶ．SVR の回帰では，ε インセンシティブ許容誤差は，データが ε インセンシティブ帯域内であれば 0 であり，その他は ξ である．SVR の回帰係数は，2 次 ε インセンシティブの期待損失を最小化する最適解である．この最適化問題を解くためにはラグランジュ関数を計算することになる．カーネル関数を取り入れた回帰関数は次のモデルで表される．

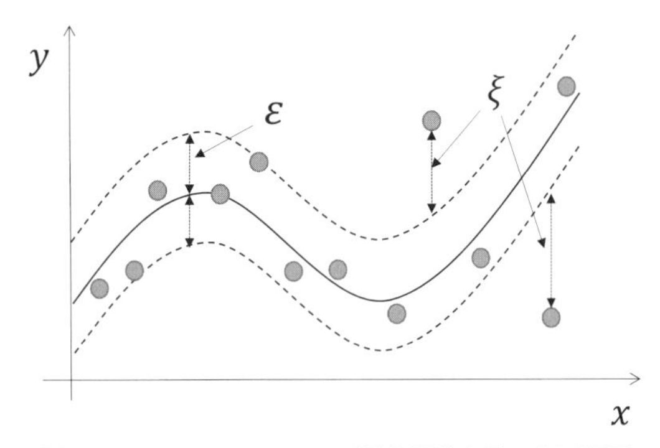

図 8.7　ε インセンシティブ損失関数を用いた回帰図

$$f(\mathbf{x}) = \sum_{i=1}^{n} (\alpha^* - \alpha) k(\mathbf{x}_i, \mathbf{x}) + b$$

式の中の α, α^* はラグランジュ係数であり，$k(\mathbf{x}_i, \mathbf{x})$ はカーネル関数である．

8.4.2　回帰木とランダムフォレスト

変数を分岐頂点とし，葉を予測値とした樹状構造の統計モデルを回帰問題では回帰木とよぶ．例として，走行中に車のブレーキを踏んだ後，車が止まるまでの移動距離と車の速度との関係に関するデータについて，車の速度を説明変数，ブレーキを踏んだ後止まるまでの移動距離を目的変数とした回帰木とそれに対応する回帰折れ線を図 8.8 に示す．回帰木は，結果が直感的であり理解しやすい．しかし，データの構造によっては，その予測の精度が高くないことは容易に想像できる．

そこで，大量の回帰木を用いたアンサンブル学習方法として，ブースティングやランダムフォレストが提案されている．第 7 章のテキストの分類に用いたランダムフォレスト法は回帰問題にも有効である．ランダムフォレスト法は回帰分析の場合でも変数の重要度を計算して返す．

まず，8.2.3 項で用いた芥川龍之介作品執筆時期のデータについて，500 個の回帰木によるランダムフォレストの結果を図 8.9 に示す．残差二乗の平均は約 1.69 であり，重回帰分析の結果よりは小さいが表 8.2 に示す

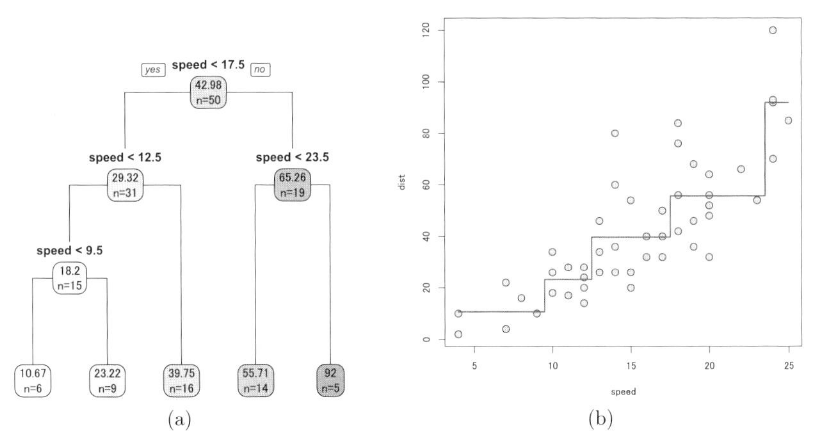

図 8.8 単回帰の回帰木と回帰折れ線

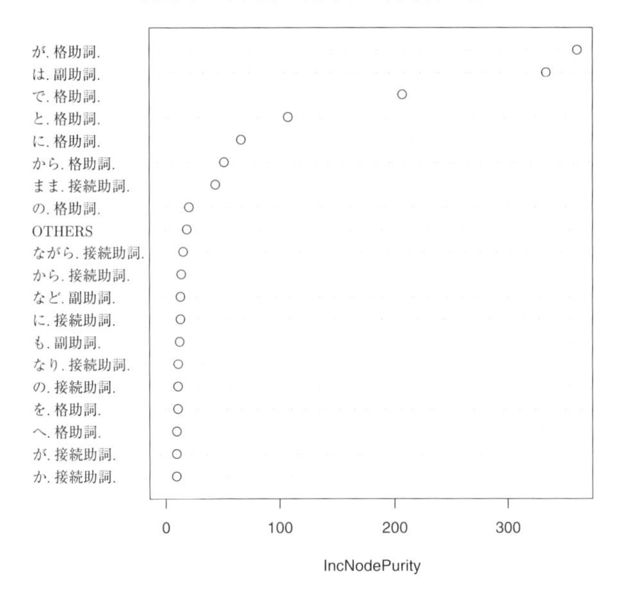

図 8.9 ランダムフォレスト法による変数の重要度

ridge 回帰の結果よりは若干小さい．詳細の比較は 8.4.3 項で示す．

ランダムフォレストで得られた変数の重要度はいくつかの計算方法が考えられるが，ここでは回帰木の頂点の純度 (purity) の増分に基づいて得られた上位 20 変数を図 8.9 に示す．判断された変数は副助詞「は」と格

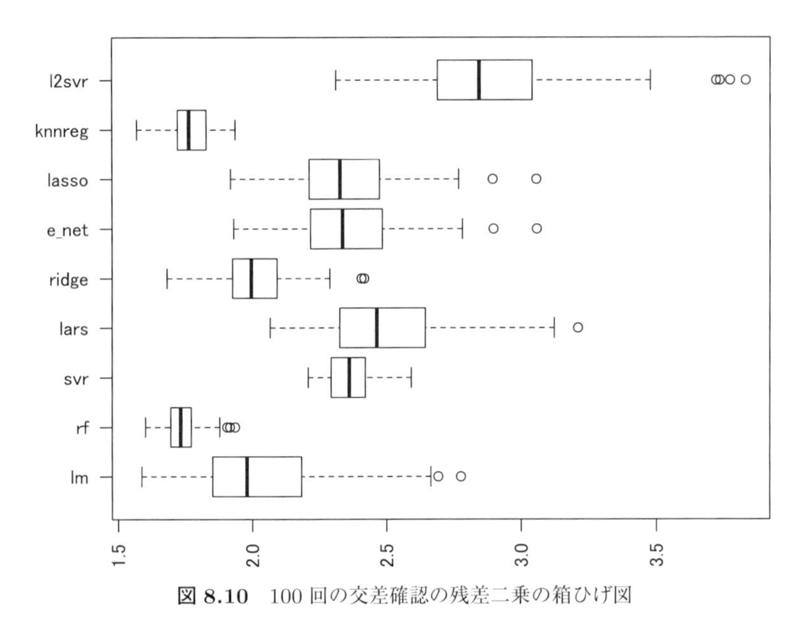

図 8.10 100 回の交差確認の残差二乗の箱ひげ図

助詞「が」「で」の順で重要であると判断された.

8.4.3 いくつかの回帰分析の結果の比較

回帰分析のアルゴリズムは数多く提案されている. 本項では本節で説明した方法に, いくつか注目されている方法を加えた結果を図 8.10 に示す. 図 8.10 は 10 フォールド交差確認を 100 回行った残差二乗の箱ひげ図である. lm は重回帰, rf はランダムフォレスト, svr はサポートベクター回帰, lars は Least Angle 回帰, ridge は ridge 回帰, e_net は elastic net 回帰, lasso は lasso 回帰, knnreg は k-NN 回帰 ($k = 5$), l2svr は L_2 正則化 SVR(L_2-regularized L_2-loss support vector regression) である.

表 8.3 に残差二乗の平均と標準偏差を示す. 平均値はランダムフォレスト, k-NN 回帰, ridge 回帰の順に小さい.

本章ではテキストを構成する要素を用いて, 量的目的変数を説明する回帰モデルについて執筆時期の推定を例として, いくつかの回帰の方法を説明した. これ以外にも多くの回帰の方法が提案されており, どの方法がテ

表 8.3 残差二乗の平均と標準偏差

方法	lm	rf	svr	lars	ridge	e_net	lasso	knnreg	l2svr
平均	2.036	1.740	2.366	2.506	2.011	2.364	2.356	1.770	2.893
標準偏差	0.262	0.062	0.088	0.232	0.125	0.204	0.203	0.074	0.305

キストアナリシスのような高次元データに最も有効であるかに関しては明らかにされていない．テキスト構成要素と目的変数との関連性に興味がなく，単にモデルの予測精度に焦点を当てたいときには，和泉他 (2011) のように説明変数について主成分分析を行い，その主な主成分を説明変数として回帰モデルを構築するのも一つの方法である．

●本節の内容に関する R スクリプト

```
####図 8.10 のスクリプト
> library(randomForest)
> library(kernlab)
> library(glmnet)
> library(pls)
> library(flare)
> library(lars)
> library(caret)
> library(mda)
> library(LiblineaR)
> library(e1071)

> m=9; ku=100; k=10
> nc<-ncol(akuta); nr<-nrow(akuta)
> resu<-matrix(0,nr,m)
> ta<-matrix(0,2,2)
> na.res<-list()
> for(rep in 1:ku){
    ncv<-pls::cvsegments(nr,k=k)    #library(pls)
    for(j in 1:k){
      cnum<-ncv[[j]]
      X<- as.matrix(akuta[-cnum,-nc])
```

```
      Y<- as.matrix(akuta[-cnum,nc])
      Xtest<-as.matrix(akuta[cnum,-nc])
####lm
      LM<-step(lm(y~.,akuta[-cnum,]),trace=FALSE)
      resu[cnum,1]<-predict(LM,akuta[cnum,])
####randomForest
      rf<-randomForest(y~.,akuta[-cnum,],ntree=1000)
      resu[cnum,2]<-predict(rf,akuta[cnum,])
####KSVM
      svm<-ksvm(y~.,akuta[-cnum,],kernel ="rbfdot",scaled=FALSE)
      resu[cnum,3]<-predict(svm,akuta[cnum,])
####lars{lars}
      mod<-lars(X,Y,type = "lar")
      fited<-predict.lars(mod,Xtest,type="fit")$fit
      cn<-dim(fited)[2]
      resu[cnum,4]<-fited[,cn]
####alpha=0 は ridge 回帰
      mod<- glmnet( x=X,y=Y,alpha=0 )
      fitted<- predict(mod,newx=Xtest,s=min(mod$lambda))
      resu[cnum,5]<-fitted[,1]
####alpha=0.5 は Elastic Net 回帰
      mod<- glmnet( x=X,y=Y,alpha=0.5)
      fitted<- predict(mod,newx=Xtest,s=min(mod$lambda))
      resu[cnum,6]<-fitted[,1]
####alpha=1 は lasso 回帰
      mod<- glmnet( x=X,y=Y,alpha=1)
      fitted<- predict(mod,newx=Xtest,s=min(mod$lambda))
      resu[cnum,7]<-fitted[,1]
####Knnreg{caret}
      mod <- knnreg(X,Y,k=5)
      resu[cnum,8]<- predict(mod,Xtest)
####LiblineaR
      mod<-LiblineaR(X,Y,type=12,cost=1000,svr_eps=.01)
      resu[cnum,9]<-predict(mod,Xtest)$predictions
    }
    na.res[[rep]]<-resu
  }
> res1<-apply((na.res[[1]]-akuta$y)^2,2,mean)
```

```
> res2<-mean((apply(na.res[[1]],1,mean)-akuta$y)^2)
> for(i in 2:ku){
    res1<-rbind(res1,apply((na.res[[i]]-akuta$y)^2,2,mean))
    res2<-c(res2,mean((apply(na.res[[i]],1,mean)-akuta$y)^2))
  }
> colnames(res1)=c("lm","rf","svr","lars","ridge","e_net","lasso",
                   "knnreg","l2svr")
> par(mar=c(4,6,1,1))
> boxplot(cbind(res1),horizontal = TRUE,las=2,do.conf = TRUE,
          do.out = TRUE)
```

参考文献

欧文文献

[1] AlSumait, L. and Domeniconi, C. (2010). Text clustering with local semantic Kernel, *Survey of Text Mining II* (M. W. Berry and M. Castellanos, eds.), Springer, 87-105.

[2] Antosch, F. (1969). The diagnosis of literary style with the verb-adjective ratio, *Statistics and Style*(L. Doleszel and R. W. Bailey, eds.), Elsevier.

[3] Arun, R. R., Suresh, V., Veni Madhavan, C. E., and Narasimha Murty M. N. (2010). On finding the natural number of topics with latent Dirichlet allocation: some observations, *Pacific-Asia Conference on Knowledge Discovery and Data Mining(PAKDD 2010)*, Advances in Knowledge Discovery and Data Mining, 391-402.

[4] Asuncion, A., Welling, M., Smyth, P., and The, Y. W. (2009). On smoothing and inference for topic models, *Proceedings of the International Conference on Uncertainty in Artificial Intelligence*, 27-34.

[5] Baayen, R. H. (2001). *Word Frequency Distributions,* Kluwer Academic Publishers.

[6] Baker, F. B. and Hubert, L. J. (1975). Measuring the power of hierarchical cluster analysis, *Journal of the American Statistical Association*, **70**, 349, 31-38.

[7] Bakri, R., Wijayanto, H., and Afendi, F. M. (2015). Statistical study of chemical structure similarity based on binary data, *International Journal of Computing and Optimization*, **2**, 2, 105-112.

[8] Ball, G. H. and Hall, D. J. (1965). ISODATA: A novel method of data analysis and pattern classification, *NTIS*, No. AD 699616, Stanford Research Institute.

[9] Batyrshin, I. Z., Kubysheva, N., Solovyev, V. and Villa-Vargas, L. A. (2016). Visualization of similarity measures for binary data and 2 x 2 tables, *Computación y Sistemas*, **20**, 3, 345-353, doi: 10.13053/CyS-20-3-2457.

[10] Blei, D. M., Ng, A. Y., and Jordan, M. I. (2003). Latent Dirichlet allocation. *Journal of Machine Learning Research,* **3,** 993-1022.

[11] Bouveyron, C., Girard, S., and Schmid C. (2007). High-dimensional dis-

criminant analysis. *Communications in Statistics: Theory and Methods*, **36**, 14, 2607-2623.

[12] Breiman, L. (2001). Random forests, *Machine Learning,* **45**, 5-32.

[13] Calinski, T. and Harabasz, J. (1974). A dendrite method for cluster analysis. *Communications in Statistics -Theory and Methods*, **3**, 1, 1-27.

[14] Cao, J., Xia, T., Li, J., Zhang, Y., and Tang, S. (2009). A density-based method for adaptive LDA model selection, *Neurocomputing*, **72**, 7-9, 1775-1781.

[15] Charrad, M., Ghazzali, N., Boiteau, V., and Niknafs, A. (2014). NbClust: An R package for determining the relevant number of clusters in a data set. *Journal of Statistical Software*, **61**, 6, 1-36. `http://www.jstatsoft.org/v61/i06/`.

[16] Choi, S. S., Cha, S. H., and Tappert, C.C. (2010). A survey of binary similarity and distance measures, *SYSTEMICS, CYBERNETICS AND INFORMATICS*, **8**, 1, 43-48.

[17] Conel, J. L. (1959). *The Postnatal Development of The Human Cerebral cortex, Vol. VI.* Harvard Univ. Press.

[18] Cortes, C. and Vapnik, V. (1995). Support-Vector Networks, *Machine Learning*, 20, 273-297.

[19] Cover, T. M. and Hart, P. E. (1967). Nearest neighbor pattern classification. *IEEE Transaction on Information theory*, IT-13(1), 21-27.

[20] Cox, D. R. and Brandwood, L. (1959). On a discriminatory problem connected with the works of Plato. *J. Roy. Statistical. Soc. B,* **21**, 195-200.

[21] Davies, D.L. and Bouldin, D. W. (1979). A cluster separation measure. *IEEE Transactions on Pattern Analysis and Machine Intelligence*, **1**, 2, 224-227.

[22] Deveaud, R., SanJuan, E., and Bellot, P. (2014). Accurate and effective latent concept modeling for ad hoc information etrieval, *Document numérique*, **17**, 1, 61-84.

[23] Deza, M. and Deza, E. (2012). *Encyclopedia of Distances(Second Edition).* Springer, 242.

[24] Dice, L. R. (1945). Measures of the amount of ecologic association between species, *Ecology*, **26**, 297-302.

[25] Duda, R. O. and Hart, P. E. (1973). *Pattern Classification and Scene Analysis.* John Wiley & Sons.

[26] Dugast, D. (1978). Sur quoi se fonde la notion d'étendue théoretique du vocabulaire?. *Le francais modern*, **46**, 1, 25-32.

[27] Dugast, D. (1979). *Vocabulaire et Stylistique. I Théâtre et Dialogue.*

Travaux de Linguistique Quantitative. Slatkine-Champion.

[28] Dunn, J. (1974). Well separated clusters and optimal fuzzy partitions. *Journal Cybernetics*, **4**, 1, 95-104.

[29] Efron, B., Hastie, T., Johnstone, I., and Tibshirani, R. (2004). Least angle regression (with discussion), *Ann. Statist.*, **32**, 407-499.

[30] Fernández-Delgado, M., Cernadas, E., Barro, S., and Amorim, D. (2014). Do we need hundreds of classifiers to solve real world classification problems?, *Journal of Machine Learning Research*, **15**, 3133-3181.

[31] Fisher, R. A. (1922). On the interpretation of the χ^2 from contingency tables, and the calculation of P. *Journal of the Royal Statistical Society*, **85**, 87-94.

[32] Fraley, C. and Raftery, A. E. (2007). Bayesian regularization for normal mixture estimation and model-based clustering. *Journal of Classification*, **24**, 155-181.

[33] Freund, Y. and Schapire, R. E. (1995). A decision-theoretic generalization of on-line learning and an application to boosting, European Conference on Computational Learning Theory, 23-37, *Journal of Computer and System Sciences*, **55**, 119-139.

[34] Freund, Y. and Schapire, R. E. (1996). Experiments with a new boosting algorithm, *International Conference on Machine Learning*, 148-156.

[35] Frey, T. and van Groenewoud, H. (1972). A CLUSTER ANALYSIS of the D-squared matrix of white spruce stands in Saskatchewan based on the maximum-minimum principle. *Journal of Ecology*, **60**, 3, 873-886.

[36] Fu, W. (1998). Penalized regression: the bridge versus the lasso, *J. Comput. Graph. Statist.*, **7**, 397-416.

[37] Grieve, J. (2007). Quantitative authorship attribution: an evaluation of techniques. *Literary and Linguistic Computing*, **22**, 3, 251-270.

[38] Griffiths, T. L. and Steyvers, M. (2004). Finding scientific topics, *PNAS*, **101**, 1, 5228-5235.

[39] Guiraud, H. (1954). *Les Caractères Statistiques du Vocabulaire.* Presses Universitaires de France.

[40] Hartigan, J. A. (1975).*Clustering Algorithms.* John Wiley & Sons.

[41] Hawkins, R. P. and Dotson, V. A. (1968). Reliability scores that delude: An Alice in Wonderland trip through the misleading characteristics of interobserver agreement scores in interval coding. *Behavior Analysis: Areas of Research and Application* (E. Ramp and G. Semb, eds.), Prentice-Hall, 539-376.

[42] Herdan, G. (1960). *Type-Token Mathematics: A Textbook of Mathematical*

acterisitics. *Mathematical Scientist*, **11**, 45–72.

[75] Sibson, R. (1969). Information radius. *Z. Wahr. Verw. Geb.*, **14,** 149–160.

[76] Simpson, E. H. (1949). Measurement of Diversity. *Nature*, **163**, 688.

[77] Simpson, G. G. (1943). Mammals and the nature of continents. *American Journal of Science*, **241**, 1–31.

[78] Sokal, R. R. and Sneath, P. H. (1963). *Principles of Numerical Taxonomy.* W. H. Freeman and Company.

[79] Somers, H. H. (1966). Statistical methods in literary analysis. In J. Leeds (Ed.), *The computer and literary style*, 128–140. Kent, OH: Kent State University.

[80] Speed, T. (2011). A correlation for the 21st century, *Science*, **334**, 6062, 1502–1503.

[81] Sun, H. and Jin, M. (2017). Verifying the authorship of the Yasunari Kawabata novel the sound of the mountain, *Journal of Mathematics and System Science*, **7**, 127–141.

[82] Tanaka, R. and Jin, M. (2014). Authorship attribution of cell-phone e-mail. *INFORMATION(An International Interdisciplinary Journal)*, **17**, 4, 1217–1226.

[83] Teh, W. Y., Newman, D., and Welling, M. (2007). A collapsed variational Bayesian inferencealgorithm for latent Dirichlet allocation. *InNIPS*, **19**, 1353–1360.

[84] Tibshirani, R. (1996). Regression shrinkage and selection via the lasso, *J. Roy. Statist. Soc. Ser. B*, **58**, 267–288.

[85] Tibshirani, R., Walther, G., and Hastie, T. (2001). Estimating the number of clusters in a data set via the gap statistic. *J. Roy. Statist. Soc. B*, **63**, 2, 411–423.

[86] Tuldava, J. (1978). Quantitative Relations between the Size of the Text and the Size of Vocabulary. *SMIL Quarterly, Journal of Linguistic Calculus*, **4**, 28–35.

[87] Vapnik, V. N. (1998). *Statistical Learning Theory*, John Wiley & Sons.

[88] Wiedemann, G. (2016). *Text Mining for Qualitative Data Analysis in the Social Sciences: A Study on Democratic Discourse in Germany (Kritische Studien zur Demokratie)*, Springer.

[89] Yan, M. and Ye, K. (2007). Determining the number of clusters using the weighted gap statistic, *Biometrics*, **63**, 4, 1031–1037.

[90] Yule, G. U. (1938). On sentence length as a statistical characteristic of style in pros with application to two cases of disputed authorship, *Biometrika*, **30**, 363–390.

[91] Yule, G.U. (1944). *The Statistical Study of Literary Vocabulary*, Cambridge Univesity Press.

[92] Zaitsu, W. and Jin M. (2016). Stylometric analysis for case linkage of Japanese communications from criminals: Distinguishing originals from copycats, *International Journal of Police Science & Management*, **18**, 1, 21-27.

[93] Zipf, G. K. (1935). *The Psycho-Biology of Language*, Houghton Mifflin.

[94] Zipf, G. K. (1949). *Human Behavior & The Principle of Least Effort: An Introduction.*

[95] Zou, H. and Hastie, T. (2005). Regularization and variable selection via the elastic net, *J. Roy. Statist. Soc. Ser. B*, **67**, 301-320. `https://www.ncbi.nlm.nih.gov/pmc/articles/PMC5333276/`.

[96] Ôsterreicher, F. and Vajda, I. (2003). A new class of metric divergences on probability spaces and its statistical applications. *Ann. Inst. Statist. Math.*, **55**, 3, 639-653. doi:10.1007/BF02517812.

和文文献

[97] Munzert, S. et al. 著，石田基広他 訳 (2017). R による自動データ収集：Web スクレイピングとテキストマイニングの実践ガイド，共立出版.

[98] 赤穂昭太郎 (2008). カーネル多変量解析—非線形データ分析の新しい展開，岩波書店.

[99] 石川慎一郎 (2012). ベーシックコーパス言語学，ひつじ書房.

[100] 石田基広他 訳 (2017). R による自動データ収集，共立出版.

[101] 石田基広・金明哲 (2012). コーパスとテキストマイニング，共立出版.

[102] 和泉潔・後藤卓・松井藤五郎 (2011). テキスト分析による金融取引の実評価．人工知能学会論文誌，**26**，2，313-317.

[103] 樺島忠夫・寿岳章子 (1965). 文体の科学，綜芸舎.

[104] 川野秀一・松井秀俊・廣瀬慧 (2018). スパース推定法による統計モデリング，共立出版.

[105] 看護研究 (2013a). 看護研究におけるテキストマイニング (I)，看護研究，**46**，5.

[106] 看護研究 (2013b). 看護研究におけるテキストマイニング (II)，看護研究，**46**，6.

[107] 金明哲 (1994). 読点の打ち方と文章の分類，計量国語学，**19**，7，317-330.

[108] 金明哲 (1997). 助詞の分布に基づいた日記の書き手の認識，計量国語学，**20**，8，357-367.

[109] 金明哲 (2002). 助詞の n-gram モデルに基づいた書き手の識別，計量国語学，**23**，5，225-240.

[110] 金明哲 (2003a). 自己組織化マップと助詞分布を用いた書き手の同定及びその特徴分析, 計量国語学, **23**, 8, 369–386.

[111] 金明哲 (2003b). 中国文章における書き手の識別, 第二届中国社会語言学国際学術検討会中国社会語言学会成立大会要旨集, **31**.

[112] 金明哲 (2004a). 社会科学における統計学の応用研究, 国際学術シンポジューム論文集, 人民大学（北京）, 17–25.

[113] 金明哲 (2004b). 品詞のマルコフ遷移の情報を用いた書き手の同定, 日本行動計量学会第 32 回大会抄録集, 384–385.

[114] 金明哲 (2009). 文章の執筆時期の推定 — 芥川龍之介の作品を例として —, 行動計量学, **36**, 2, 89–103.

[115] 金明哲 (2013). 文節パターンに基づいた書き手の同定, 行動計量学, **40**, 1, 17–28.

[116] 金明哲 (2014). 統合的分類アルゴリズムを用いた文章の書き手の識別, 行動計量学, **41**, 1, 35–46.

[117] 金明哲 (2016). 定性的データ分析, 共立出版.

[118] 金明哲・樺島忠夫・村上征勝 (1993a). 手書きとワープロとによる文章の計量分析, 計量国語学, **19**, 3, 133–145.

[119] 金明哲・樺島忠夫・村上征勝 (1993b). 読点と書き手の個性, 計量国語学, **18**, 8, 382–391.

[120] 金明哲・宮本加奈子 (1999). ラフな意味情報に基づいた文章の自動分類, 言語処理学会第 5 回年次大会発表論文集, 235–238.

[121] 金明哲・村上征勝 (2007). ランダムフォレストによる文章の書き手の同定, 統計数理, **55**, 2, 255–268.

[122] 小西貞則 (2010). 多変量解析入門——線形から非線形へ, 岩波書店.

[123] 財津亘・金明哲 (2015). テキストマイニングを用いた犯罪に関わる文書の筆者識別, 日本法科学技術学会誌, **20**, 1, 1–14.

[124] 財津亘・金明哲 (2017a). 階層的クラスター分析結果にスコアリングを導入したテキストマイニングによる筆者識別, 科学警察研究所報告.

[125] 財津亘・金明哲 (2017b). ランダムフォレストによる著者の性別推定—犯罪者プロファイリング実現に向けた検討—, 情報知識学会誌, **27**, 3, 261–274.

[126] 財津亘・金明哲 (2017c). テキストマイニングを用いた筆者識別へのスコアリング導入—文字数やテキスト数, 文体的特徴が得点分布に及ぼす影響—, 日本法科学技術学会誌, **22**, 2, 91–108.

[127] 財津亘・金明哲 (2018). テキストマイニングによる筆者識別の正確性ならびに判定手続きの標準化, 行動計量学, **45**, 1, 39–47.

[128] 佐藤一誠 (2015). トピックモデルによる統計的潜在意味解析, コロナ社.

[129] 新納浩幸 (2008). R で学ぶクラスタ解析, オーム社.

[130] 鈴木勉 (2017). ネットワーク分析（第 2 版）, 共立出版.

[131] 孫昊・金明哲 (2018). 川端康成の小説『花日記』の代筆疑惑検証. 情報知識学会誌, **28**, 1, 3–14.

[132] 高橋将宜・渡辺美智子 (2017). 欠測データ処理—R による単一代入法と多重代入法—, 61–65, 共立出版.

[133] 津本周作・平野章二・岩田春子・木村知広 (2017). 退院時要約自動分類器の構築, *The 31st Annual Conference of the Japanese Society for Artificial Intelligence*, 2J3-OS-16b-1,1-4.

[134] 豊田裕貴・菰田文男 (2011). 特許情報のテキストマイニング—技術経営のパラダイム転換, ミネルヴァ書房.

[135] 韮沢正 (1965). 由良物語の著者の統計的判別, 計量国語学, **33**, 21–28.

[136] 波多野完治 (1950). 文章心理学, 新潮社.

[137] 樋口耕一 (2014). 社会調査のための計量テキストマイニング内容分析の継承と発展を目指して, ナカニシヤ出版.

[138] ビショップ, C.M. 著, 元田浩他 監訳 (2007). パターン認識と機械学習 (上), シュプリンガー・ジャパン.

[139] 藤井美和・李政元・小杉考司 (2005). 福祉・心理・看護のテキストマイニング入門, 中央法規出版.

[140] 松浦司・金田康正 (2000). n-gram の分布を利用した近代日本文の著者推定, 計量国語学, **22**, 6, 225–238.

[141] 松村真宏・三浦麻子 (2014). 人文・社会科学のためのテキストマイニング, 誠信書房.

[142] 三室克哉・鈴村賢治・神田晴彦 (2007). 顧客の声マネジメント—テキストマイニングで本音を「見る」, オーム社.

[143] 村上征勝 (1994). 真贋の科学—計量文献学入門, 朝倉書店.

[144] 村上征勝・伊藤瑞叡 (1991). 日蓮遺文の数理研究, 東洋思想と宗教, **8**, 27–35.

[145] 村上征勝・金明哲・土山玄・上阪彩香 (2016). 計量文献学の射程, 勉誠出版.

[146] 安本美典 (1959). 文章の性格学への基礎研究—因子分析方による現代作家の分類—, 国語国文, **6**, 19–41.

[147] 安本美典 (1974). 文章の心理学入門, 誠信書房.

[148] 李在稿・石川慎一郎・砂川有里子 (2012). コーパス調査入門, くろしお出版.

[149] 李鍾賛・崔在雄・金明哲 (2016). 語節パターンを用いた韓国語文章の著者識別, *INFORMATION*, **20**, 1B, 417–428.

[150] 劉雪琴・金明哲 (2017a). 宇野浩二の病気前後の文体変化に関する計量的分析, 計量国語学, **31**, 2, 1–16.

[151] 劉雪琴・金明哲 (2017b). 入院する前に宇野浩二の文体は既に変わっていたのか, 情報知識学会誌, **27**, 3, 245–260.

索　引

【タ行】

【ナ行】

【ハ行】

【マ行】

【ヤ行】

【ラ行】

【ワ行】

〈著者紹介〉

金　明哲（きん　めいてつ）

1994 年　総合研究大学院大学博士後期課程修了
現　在　同志社大学 文化情報学部，文化情報学研究科 教授
　　　　博士（学術）
専　門　統計科学，データ科学，計量言語学
主　著　『テキストデータの統計科学入門』（岩波書店，2009）
　　　　『定性的データ分析』（共立出版，2016）
　　　　『R によるデータサイエンス（第 2 版）』（森北出版，2017）

統計学 **One Point 10**

テキストアナリティクス

Statistical Text Analytics

2018 年 8 月 30 日　初版 1 刷発行

著　者　金　明哲　© 2018

発行者　南條光章

発行所　**共立出版株式会社**

〒112-0006
東京都文京区小日向 4-6-19
電話番号　03-3947-2511（代表）
振替口座　00110-2-57035
http://www.kyoritsu-pub.co.jp/

印　刷　大日本法令印刷

製　本　協栄製本

一般社団法人
自然科学書協会
会員

検印廃止
NDC 007.6, 417

ISBN 978-4-320-11261-2

Printed in Japan